JN011560

灯台旅

―悠久と郷愁のロマン―

藤井和雄

成山堂書店

はじめに

いつしか年齢を重ねて「喜寿」を迎えました。

これほど生きられたことに感謝して、かねがね何がしか記念になるものを作り上げたいと願うようになり、その準備を進めてまいりました。人生の大きな節目であろうこの機に、日本全国の主だった灯台を訪ね歩いた紀行巡礼の記録を一冊にまとめ、おこがましくも「灯台旅 悠久と郷愁のロマン」と銘打って、灯台にかかわる書物を上梓いたしました。

顧みれば、人生100歳時代の到来と騒がれる中、折しも会社人間の定年後の生き方が問われているときであったかと、意を決して人生航路の明日を灯台に求め、7年前の古希を始発駅、喜寿を終着駅に見立てて、新航路発見開拓の旅に出向きました。

日本最北端流氷のオホーツク宗谷岬灯台から日本最南端サンゴ礁の石垣島御神埼灯台まで、その海岸線を一周する距離はおよそ12,000キロと言われています。半島や岬の突端から大海原遥か彼方にまで光を届ける灯台の姿は、四方を海に囲まれた日本列島ならではのたぐいまれな魅力ある光景だと思います。その灯台にも今は、『喜びも悲しみも幾年月』の映画に登場する灯台守の姿は見られず、全灯台が無人化による遠方管理になりました。また、堅固な灯基は長年の風雪を受けて老朽化が進み、一部は危険建築物の扱いを受けるに至り、取り壊しになるところも出てきているようです。このように、灯台を取り巻く環境は激変のさなかにありますが、嬉しいことに令和2年から歴史的価値・文化的価値の高い灯台は国の重要文化財に指定され、現在まで全国13灯台が登録保存されることになりました。

誰からも慕われ愛された灯台です。地域の人々に培われ育まれた灯台です。今から150年前に航路パイロットを使命に日本の近代化に大きな貢献をした灯台の今の姿は、時代の変化、環境の変化を受けて今まさに生まれ変わる悲痛な叫びを発しているのかもしれません。灯台を訪ね歩いた巡礼の旅……灯台の灯りを一身に受けた明るい未来に向き合う旅といえるでしょうか。灯台の放つ灯りは日本の未来にとって決して見落としてはならない反面教師の灯りであるかもしれません。

全国の灯台が等しく未来の灯りに照らされ、いよいよもって輝き増すことを願ってやみません。

藤井 和雄

北海道

東北・新潟

関東・中部

北陸・東海

近畿・中国・四国

九州・沖縄

北海道

❶宗谷岬灯台
❷稚内灯台
❸紋別灯台
❹能取岬灯台
❺納沙布岬灯台
❻落石岬灯台
❼湯沸岬灯台
❽花咲灯台
❾増毛灯台
❿襟裳岬灯台
⓫石狩灯台
⓬日和山灯台
⓭神威岬灯台
⓮チキウ岬灯台
⓯葛登支岬灯台
⓰恵山岬灯台
⓱白神岬灯台

01

宗谷岬灯台

そうやみさきとうだい

北海道稚内市

航路標識	0432［M6896］
初点灯日	1885(明治18)年9月25日
光達距離	17.5海里(約32km)
塔高/灯高	17m/40m
構造材質	コンクリート造
実効光度	800,000カンデラ
レンズ	第3等小型フレネル式
訪問日	2021/7/24

日本の最北端に位置 宗谷海峡を見守る国境灯台

「日本最北端の地」碑のある宗谷岬の突端に立ちオホーツクの海を見渡す。積雪地の塔基カラーである紅白の帯が青い海と空に映える宗谷岬灯台。光達距離17.5海里(32km)は、ロシア・サハリンまでの距離43kmの中間にある宗谷国際海峡ラインの10km先まで届く。

初代の塔は1961(昭和36)年に建設。1988(昭和63)年に現在のように一回り大きく建て替えられた。碑は北国のシンボル北極星の一稜をかたどった三角錐、「平和と協調」を表している。

灯台の立つ宗谷岬平和公園から晴れた日には対岸のサハリン・クリリオン岬を見渡せる。

宗谷岬灯台は納沙布岬灯台、日和山灯台に次いで道内３番目に点灯した歴史をもつ。日本最北端の碑が目立ち、灯台目当ての人は少ない。

流氷館に隣接するご当地ソング「宗谷岬」の歌碑。

宗谷岬のシンボルとして知られる青い建物「流氷館」からは、「流氷とけて〜宗谷の岬」と、ダ・カーポの明るいメロディが流れていた。

02

稚内灯台

わっかないとうだい

北海道稚内市

航路標識	0510［M6905.1］
初点灯日	1900（明治33）年12月10日
光達距離	18.0海里（約33km）
塔高/灯高	43m/42m
構造材質	コンクリート造
実効光度	320,000カンデラ
レンズ	LB-H90型灯器
訪問日	2021/7/24

海抜0mに立つ塔高43mのノッポ灯台

ノシャップ（野寒布）岬の海抜0mに立つ。宗谷岬灯台とともに緊張の高まる国際海峡ラインの宗谷海峡とオホーツク海を見守る。

一見、臨海工場の排煙塔のようだが、出雲日御碕灯台に次ぐ全国2番目の高さを誇っている。

03

紋別灯台

もんべつとうだい

北海道紋別市

航路標識	0414［M6885］
初点灯日	1960（昭和35）年12月28日
光達距離	23.0海里（約43km）
塔高/灯高	13m/80m
構造材質	コンクリート造
実効光度	520,000カンデラ
レンズ	LB-H90型灯器
訪問日	2021/7/24

市街地公園の高台に立つオホーツク流氷灯台

市街地の紋別公園内に立地する全国でも珍しい町中灯台。冬に流氷の沖合を行く船に灯りを届けるため、52万カンデラもの力強い光を放っている。

04

能取岬灯台

のとろみさきとうだい

北海道網走市

オホーツク広大原野にポツリ北欧古城のたたずまい

航路標識	0407 [M6882]
初点灯日	1917(大正6)年10月1日
光達距離	19.5海里(約36km)
塔高/灯高	21m/57m
構造材質	コンクリート造
実効光度	110,000カンデラ
レンズ	LB-M30型灯器
訪問日	2021/7/23

網走市内から北へ10km、オホーツク海に突き出た岬の広大な平原にポッカリと欧風のチャペルを再現したかのような八角形の建造物が凛々しく屹立する。江戸末期に来日したフランス人技師の作、歴史とロマンの異国情緒漂う能取岬灯台。

能取岬の「のとろ」は、岬のところを意味するアイヌ語「ノッ・オロ」に由来。

オホーツク漁業の先人の苦難の歴史と業績を讃える「オホーツクの塔」が海を背にして立つ。

05

納沙布岬灯台

のさっぷみさきとうだい

北海道根室市

航路標識	0154［M6840］
初点灯日	1872(明治5)年8月15日
光達距離	14.5海里(約27km)
塔高/灯高	14m/23m
構造材質	コンクリート造
光度	14,000カンデラ
レンズ	第4等フレネル式
訪問日	2020/9/8

日本最東端に位置 北海道最古の国境灯台

道内最初の洋式灯台として建設された日本を代表する灯台の一つ、ロシア領北方４島方向を控えめに照らす。元日には日本で最初に初日の出を見ることができる、日本最東端の灯台として不変の価値をもつ納沙布岬灯台。

望郷の岬公園から右手前方に見る納沙布岬灯台。

道内最初の納沙布岬灯台は時の明治政府による建設であるが、現存する北海道の 20 数基の灯台の半数は 1886(明治 19)年、北海道庁の設置の時に建設されている。蝦夷地の開拓から北海道の拓殖への時代背景を受け、海運産業振興のために灯台の建設整備が急がれたと記されている。

望郷の岬公園に建設された北方領土返還祈念モニュメント「四島のかけ橋」と「祈りの火」。

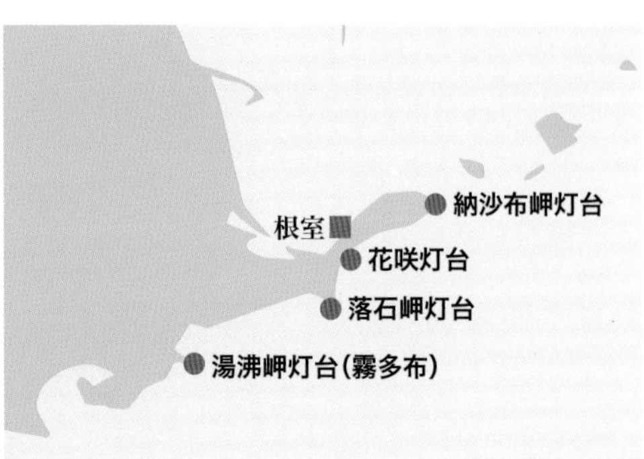

根室半島太平洋側には納沙布岬・花咲・落石岬・湯沸岬の４基が立地する灯台銀座。積雪・濃霧等、自然条件が過酷であるため、納沙布岬灯台を除いて、塔基は目立つようにと白と赤で統一されている。

06

落石岬灯台

おちいしみさきとうだい

北海道根室市

航路標識	0147［M6834］
初点灯日	1890（明治23）年10月15日
光達距離	19.0海里（約35km）
塔高/灯高	15m/48m
構造材質	コンクリート造
実効光度	450,000カンデラ
レンズ	LED回転型灯器（LRL-ⅠⅡ型）
訪問日	2020/9/8

灯台への道 600mの木道で往来

岬内が環境保全地域になっているため、灯台へは広大な緑の湿原を通る600mもの木道を経てようやく到達する。「北海道三大秘岬」に数えられる落石岬は海岸線は高さ約50mの断崖絶壁になっている一方、内陸部は平坦な台地に、アカエゾマツ純林の落石岬湿原が広がっている。何とも不思議な北海道ならではの光景である。

林の中を通る 600 m余の木道を通り抜けると、一面に草原が広がり、先には白と赤の美しい灯台が待っている。

北海道三大秘岬の落石岬・雄冬岬・地球岬。今もって秘岬の自然美を残している落石岬。

130ha もの落石湿原は北海道自然環境保全地域となっていて、自生するサカイツツジは国の天然記念物に指定。

07

湯沸岬灯台

とうふつみさきとうだい

北海道厚岸郡浜中町

航路標識	0144［M6830］
初点灯日	1951（昭和26）年6月15日
光達距離	19.0海里（約35km）
塔高/灯高	12m/49m
構造材質	コンクリート造
実効光度	350,000カンデラ
レンズ	LED回転型灯器（LRL-ⅠⅡ型）
訪問日	2020/9/8

北海道随一の明るさを誇った断崖絶壁の灯台

霧多布岬の断崖絶壁の地に立つ。霧多布の地名がよく知られているが、灯台の名称は「湯沸岬灯台」。初点灯は1951（昭和26）年と比較的新しく、北海道で最も明るい82万カンデラで太平洋を照らしていたが、2022年3月に工事をおこない、現在の35万カンデラとなった。

08

花咲灯台

はなさきとうだい

北海道根室市

航路標識	0150［M6836］
初点灯日	1890（明治23）年11月1日
光達距離	13.5海里（約25km）
塔高/灯高	10m/31m
構造材質	コンクリート造
光度	8,100カンデラ
レンズ	第5等フレネル式
訪問日	2020/9/8

水揚げ日本一 花咲港を見守る

カニとサンマの水揚げ量日本一を誇る花咲港。ここに位置するのが花咲灯台である。灯台近くには直径6mの玄武岩からなる、ひときわ目を引く「車石（ホイールストーン）」がお出迎え。

09

増毛灯台

ましけとうだい

北海道増毛郡増毛町

北前船とニシン 北海道開拓殖産時代の象徴

航路標識	0566 [M6970]
初点灯日	1890(明治23)年12月25日
光達距離	白18.5/赤16.0海里
塔高/灯高	13m/46m
構造材質	コンクリート造
実効光度	白140,000/赤24,000カンデラ
レンズ	LB-M30型灯器
訪問日	2021/7/25

増毛駅の裏山、留萌湾を一望する高台に立つ。江差(えさし)、小樽とともに古くから栄えた港町、海上交通の要所として北海道近代化に足跡を残す。栄華盛衰の100年、今も優しく穏やかに見守る増毛灯台。

高倉健主演「駅 STATION」の舞台。かつては留萌本線の終着駅として賑わった。2016(平成28)年廃線。とり残された駅舎のたたずまいが往時をしのばせる。

10

襟裳岬灯台

えりもみさきとうだい

北海道幌泉郡えりも町

最大風速70m 日本最強風の岬に立つ灯台

航路標識	0120［M6802］
初点灯日	1889(明治22)年6月25日
光達距離	22.5海里(約42km)
塔高/灯高	14m/75m
構造材質	コンクリート造
実効光度	590,000カンデラ
レンズ	第3等大型フレネル式
訪問日	2020/9/9

1889(明治 22)年初点灯の白亜の大型灯台。太平洋戦争により破壊され 1950(昭和 25)年に再建された。年間 260 日以上は風速 10 m以上の強風が吹き荒れる断崖から沖の岩礁地帯を照らし続ける。初代の灯台は周りに灯台守官舎や霧笛舎が所狭しと立ち並んでいたという。

風の岬・風の灯台として知れる襟裳岬だが、この日は風も波も穏やか。2020(令和 2)年 9 月 8 日、沈む夕日の刻に歌でしか知らない襟裳岬に立った。岬の先の岩礁の間を縫って、コンブ採りの小舟がせわしなく動く。岬には同名異曲「襟裳岬」の二つの歌碑が隣接して仲良く並んでいる。

2006(平成 18)年 9 月天皇陛下視察記念碑。「ふきすさぶ 海風に耐えし 黒松を永年かけて 人ら育てぬ」とある。

11

石狩灯台

いしかりとうだい

北海道石狩市

北国雪国特有の塔基カラー 白と赤の最初の灯台

航路標識	0575［M6980］
初点灯日	1892(明治25)年1月1日
光達距離	13.0海里(約24km)
塔高/灯高	14m/17m
構造材質	鉄造
実効光度	220,000カンデラ
レンズ	LB-M30型灯器
訪問日	2020/9/11

５月下旬になるとハマナスが咲き誇る石狩浜に立つ。灯台守夫婦を描いた「喜びも悲しみも幾年月」のロケで塔基の帯色が黒から赤に変わったという。

一面ハマナスの咲き誇る、日本海と石狩川が交わる「はまなすの丘公園」。灯台への一筋の木道が伸びる。

12

日和山灯台

ひよりやまとうだい

北海道小樽市

北海道のレガシーを今に残す灯台とニシン御殿

航路標識	0580［M6996］
初点灯日	1883(明治16)年10月15日
光達距離	19.0海里(約35km)
塔高/灯高	10m/50m
構造材質	コンクリート造
実効光度	130,000カンデラ
レンズ	LB-M30型灯器
訪問日	2021/7/25

小樽市郊外祝津(しゅくつ)地区にある高島岬の小高い日和山に立つ。道内２番目に古いこの灯台は、ニシン漁最盛期の1883(明治16)年築。「ニシン御殿」とともに北海道の近代史を物語る貴重な歴史遺産。映画「喜びも悲しみも幾年月」のラストシーンに登場する日和山灯台。併設の日和山霧信号所は全国最後の霧信号所の１つで、すべて2010(平成22)年に廃止された。

ニシン御殿は積丹半島南西の泊(とまり)村から小樽高島岬に1958(昭和33)年に移築。日和山灯台とともに新たな観光スポットに。

灯台の立つ祝津高島岬から、大型フェリーが入港する小樽港を見渡す。

13

神威岬灯台

かむいみさきとうだい

北海道積丹郡積丹町

航路標識	0590［M7004］
初点灯日	1888（明治21）年8月25日
光達距離	21.0海里（約39km）
塔高/灯高	12m/82m
構造材質	コンクリート造
実効光度	170,000カンデラ
レンズ	LB-M30型灯器
訪問日	2021/7/25

神秘の積丹 かつて女人禁制であった神威岬に立つ

北海道最大の海の難所、積丹半島最西端の神威岬に立つ。「女人禁制の地　神威岬」と書かれた門をくぐり、尾根道「チャレンカの小径」を700m辿ると視界いっぱいに積丹ブルーと称される青い海と空が眼前に広がり、眼下には伝説の奇岩「神威岩」が鎮座する。道内随一の絶景を誇るが、昔は悲惨な事故・出来事が絶えなかった。

神威岩は愛する源義経の後を追って海中に身を投じたチャレンカ乙女の化身と伝えられている。積丹ブルーの海に屹立する奇岩として神威岬のシンボルになっている。

14

チキウ岬灯台

ちきうみさきとうだい

北海道室蘭市

航路標識	0088［M6745］
初点灯日	1920(大正9)年4月1日
光達距離	24.0海里(約44km)
塔高/灯高	15m/131m
構造材質	コンクリート造
実効光度	590,000カンデラ
レンズ	第3等小型フレネル式
訪問日	2020/9/10

北海道自然百景No.1 はるか44kmの彼方を照らす

地名は北海道三大秘岬の一つ「地球岬」だが、灯台名はチキウ岬灯台。アイヌ語の「ポロ・ケチップ（親なる断崖）」が訛って「チキウ」になったという。八角形の胴体で、光達距離44kmは道内最長、全国でも室戸岬灯台に次ぐ第2位である。

「北海道の自然100選」で第1位に選ばれた地球岬。その突端でチキウ岬灯台が威風堂々と眼下に広がる太平洋をはるか彼方44km先まで照らす。

15

葛登支岬灯台

かっとしみさきとうだい

北海道北斗市

航路標識	0012［M6702］
初点灯日	1885(明治18)年12月15日
光達距離	17.5海里(約32km)
塔高/灯高	16m/46m
構造材質	コンクリート造
光度	49,000カンデラ
レンズ	第3等大型フレネル式
訪問日	2021/6/27

青函海路の守り神 レンズが回転する日本唯一の灯台

葛登支は「カットシ」と読み、アイヌ語で「楡（にれ）の木が多くある場所」を意味する。かつては青函連絡船、いまは大型客船フェリーの道標として、海を直下に見る高台に立つ葛登支岬灯台。道内では納沙布岬、日和山、宗谷岬に次ぐ古参の灯台として知名度は低いが歴史は古い。

青森港を出港した船舶は正面に葛登支岬灯台、右手に函館山を見て北上、函館港に入港する。

16

恵山岬灯台

えさんみさきとうだい

北海道函館市

著名灯台30基の風景画タイルでお出迎え

航路標識	0039［M6729］
初点灯日	1890(明治23)年11月1日
光達距離	17.5海里(約32km)
塔高/灯高	19m/44m
構造材質	コンクリート造
光度	46,000カンデラ
レンズ	第3等大型フレネル式
訪問日	2021/6/28

函館市街地からおよそ50km、亀田半島の東端に位置する。沖合の対馬暖流と千島寒流が交錯する航海の難所を1世紀以上見守ってきた優美な灯台。灯台のある恵山岬公園内の遊歩道の敷石には国内外の灯台30基が彫刻風に刻まれている。

灯台へのアプローチとなる遊歩道のレンガタイルには、日本の26灯台、世界の4灯台が描かれている。
函館市椴法華支所のご協力を賜り、次頁に全タイルを紹介。
（左写真提供：函館市椴法華支所）

恵山岬灯台公園　灯台タイルリスト

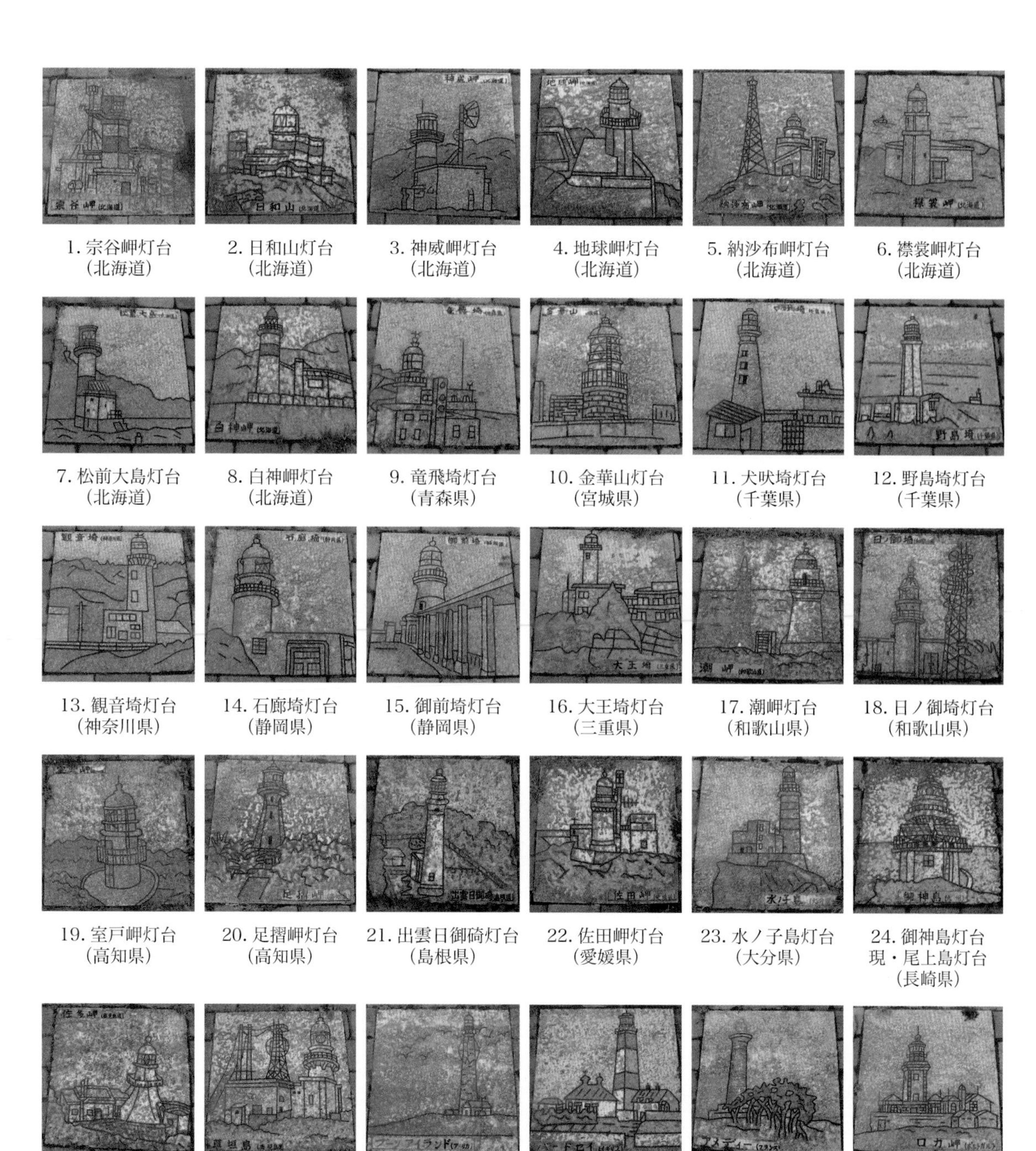

1. 宗谷岬灯台（北海道）
2. 日和山灯台（北海道）
3. 神威岬灯台（北海道）
4. 地球岬灯台（北海道）
5. 納沙布岬灯台（北海道）
6. 襟裳岬灯台（北海道）
7. 松前大島灯台（北海道）
8. 白神岬灯台（北海道）
9. 竜飛埼灯台（青森県）
10. 金華山灯台（宮城県）
11. 犬吠埼灯台（千葉県）
12. 野島埼灯台（千葉県）
13. 観音埼灯台（神奈川県）
14. 石廊埼灯台（静岡県）
15. 御前埼灯台（静岡県）
16. 大王埼灯台（三重県）
17. 潮岬灯台（和歌山県）
18. 日ノ御埼灯台（和歌山県）
19. 室戸岬灯台（高知県）
20. 足摺岬灯台（高知県）
21. 出雲日御碕灯台（島根県）
22. 佐田岬灯台（愛媛県）
23. 水ノ子島灯台（大分県）
24. 御神島灯台 現・尾上島灯台（長崎県）
25. 佐多岬灯台（鹿児島県）
26. 草垣島灯台（鹿児島県）
27. ブーン島灯台（アメリカ）
28. バードセイ灯台（イギリス）
29. アメディー灯台（フランス）
30. ロカ岬灯台（ポルトガル）

（タイル写真提供：函館市椴法華支所）

17

白神岬灯台

しらかみみさきとうだい

北海道松前郡松前町

航路標識	0001［M6692］
初点灯日	1888(明治21)年9月15日
光達距離	白16.5/赤17.0海里
塔高/灯高	17m/37m
構造材質	コンクリート造
実効光度	白88,000/赤27,000カンデラ
レンズ	第4等フレネル式
訪問日	2021/6/27

航路標識番号 0001 日本灯台表のトップに記載

北海道最南端の渡島半島に位置する白神岬灯台は下北半島大間より15km南、対岸の津軽半島竜飛岬までは直線19km。海上保安庁「灯台表」の航路標識番号のトップ0001に記され、世界難関7海峡の一つである津軽海峡を照らし続ける。航路標識番号0002は近くの吉岡港第2西防波堤灯台、ラストの7300は沖縄尖閣諸島の魚釣島灯台である。

灯台真下の国道319号線沿いに白神岬北海道最南端の石碑が立つ。津軽半島竜飛岬まで19km、海底には青函トンネルが通り世界初の海底駅「吉岡海底駅」があったが、2014(平成26)年に閉鎖となった。

東北・新潟

⑱ 尻屋埼灯台
⑲ 大間埼灯台
⑳ 龍飛埼灯台
㉑ 鮫角灯台
㉒ 陸中黒埼灯台
㉓ 魹ヶ埼灯台
㉔ 入道埼灯台
㉕ 旧酒田灯台
㉖ 鼠ヶ関灯台
㉗ 塩屋埼灯台
㉘ 大須埼灯台
㉙ 角田岬灯台
㉚ 姫埼灯台

⑲大間埼灯台
⑱尻屋埼灯台
龍飛埼灯台⑳
㉑鮫角灯台
入道埼灯台㉔
㉒陸中黒埼灯台
㉓魹ヶ埼灯台
旧酒田灯台㉕
鼠ヶ関灯台㉖
㉘大須埼灯台
㉚姫埼灯台
㉙角田岬灯台
㉗塩屋埼灯台

‖18 **重要文化財**

尻屋埼灯台

しりやさきとうだい

青森県下北郡東通村

航路標識	1601［M6630］
初点灯日	1876(明治9)年10月20日
光達距離	18.5海里(約34km)
塔高/灯高	33m/47m
構造材質	レンガ造
実効光度	530,000カンデラ
レンズ	第2等フレネル式
訪問日	2017/6/26

白亜の塔が濃紺の海と空に映える北日本一の灯台美

下北半島東端の尻屋崎は北側は津軽海峡、東側は太平洋となる。そのため津軽海峡から太平洋への潮の流れが変わりやすく、また濃い霧が発生するため、古くから海上交通の難所とされてきた。今回訪れた6月の尻屋岬はそんな難所の風情をまったく想像できないような穏やかな海と空が一面に広がっていた。2022(令和4)年、国の重要文化財に指定。

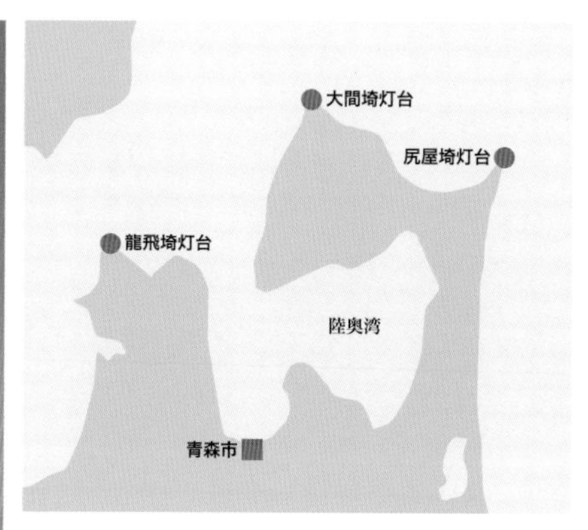

尻屋埼灯台が誇る日本一のレガシー
① 煉瓦造り構造では日本一高い灯台
② 日本で最初のアーク灯の電化灯台
③ 左右から波が来る日本唯一の灯台
④ 日本で最初の霧鐘灯台・霧笛灯台
⑤ 破壊後も投光した唯一の幻の灯台

灯台が立つのは下北半島の最北東端、本州最果ての地。この一帯には寒立馬（かんだちめ）という馬が放牧されており、観光の要所になっている。緑の草原でのんびりと草を食む寒立馬、青く広がる空と大海原を背に立つ白亜の灯台……、見事なハーモニーに心が安らぐ。

日本海からの対馬海流と太平洋からの黒潮が左右から流れ込んでぶつかるポイント。特に秋から冬にかけては左からはグレー、右からはブルーの波が打ち寄せる。

19

大間埼灯台

おおまさきとうだい

青森県下北郡大間町

航路標識	1550［M6634.5］
初点灯日	1921（大正10）年11月1日
光達距離	12.0海里（約22km）
塔高/灯高	25m/36m
構造材質	コンクリート造
実効光度	3,700カンデラ
レンズ	高光度LED灯器
訪問日	2017/6/26

おびただしい数の海鳥が舞う 本州最北端の灯台

大間埼灯台があるのは、本州最北端大間崎の沖合600mに浮かぶ弁天島。津軽海峡の風雪に耐えて1世紀、弁天島に群がる海鳥が白と黒の塔基の周りを舞う光景は今も変わらない。NHK朝ドラ「私の青空」の舞台となった大間町は、高級ブランド大間マグロとして全国に名を知られることとなった。

弁天島はカモメ大繁殖地として知られる。写真を撮ろうと近づいても逃げることなく寛いでいた。魚群の位置を知らせてくれるカモメは、漁師にとって豊漁の鳥だ。

手前に見える赤い社は弁天神社本殿。神社の赤、灯台の白と黒、海と空の青のアンサンブルが美しい。

‖20

龍飛埼灯台

たっぴさきとうだい

青森県東津軽郡外ヶ浜町

青函トンネルの津軽海峡 漁火夜景を彩る灯火

航路標識	1501 ［M6662］
初点灯日	1932(昭和7)年7月1日
光達距離	23.5海里(約44km)
塔高/灯高	14m/119m
構造材質	コンクリート造
実効光度	470,000カンデラ
レンズ	第3等大型フレネル式
訪問日	2017/6/25

潮流が激しくぶつかる難所の津軽海峡を照らす灯台にしては新しく、初点灯は1932(昭和7)年。「風の岬」とも呼ばれる龍飛崎の強風は半端ではなく、近接に立地する多くの風力発電塔の羽根が勢いよく回転する。海抜119 mの高台に立ち、14 mの塔高から47万カンデラの強い光は遠く津軽海峡の夏の風物詩「漁火夜景」と交差する。

白いボディが印象的な津軽海峡のシンボル。灯台までは、歩行者のみ通れる日本で唯一の階段国道339号線を使って行くこともできる。

晴れた日には断崖120mの上から下北半島や北海道のパノラマが眺望でき、夕日スポットとしても人気上々の地。

‖21

鮫角灯台

さめかどとうだい

青森県八戸市

航路標識	1625［M6620］
初点灯日	1938(昭和13)年2月16日
光達距離	19.5海里(約36km)
塔高/灯高	23m/58m
構造材質	コンクリート造
実効光度	100,000カンデラ
レンズ	LB-M30型灯器
訪問日	2020/10/3, 2023/6/27

眼下に鉄道と大海原を見下ろす唯一の灯台

ウミネコの繁殖地として国の天然記念物に指定されている蕪島（かぶしま）、太平洋を一望する種差海岸（たねさし）、眼下を走るJR八戸線、緑の草原の先に佇む白亜の鮫角灯台。この風光明媚なコラボレーションはここでしか見ることができない。日本の灯台50選や八戸市景観賞にも選ばれた美しい姿は、三陸復興国立公園のシンボルとなっている。

江戸時代から三陸沿岸の要港であった八戸港は、明治・大正・昭和にかけてめざましい発展を遂げてきた。そうした背景のもと八戸市議会などからの強い要望を受けて設置された念願の灯台。

灯台に隣接して海上保安庁八戸職員寮の建屋が今も残っており、賑わった往時がしのばれる。

信仰の地蕪島は、1942(昭和 17)年に埋め立てられ陸続きとなった。国の天然記念物ウミネコの繁殖地で、その数3万羽が生息している。

多くの文化人・著名人に愛された種差海岸、司馬遼太郎の『街道をゆく』、東山魁夷の『道』に登場。

22

陸中黒埼灯台

りくちゅうくろさきとうだい

岩手県下閉伊郡普代村

北緯40度線上の東側 三陸海岸に立つ国際灯台

航路標識	1638［M6606］
初点灯日	1952(昭和27)年7月1日
光達距離	19.5海里(約36km)
塔高/灯高	12m/143m
構造材質	コンクリート造
実効光度	93,000カンデラ
レンズ	LB-M30型灯器
訪問日	2021/6/28

北緯40度線に位置する国際灯台として秋田県男鹿半島の入道埼灯台と対をなす。近くに地球儀の形をした北緯40度のシンボル塔が設置され、太陽エネルギーで回転する。1952年「普代灯台」として初点灯、1966年に「陸中黒埼灯台」に改称し、今日に至る。

北緯40度線のシンボル塔。近づくと自動的にゆっくりと回り始める。

夜間煌々と照らし続けた灯火は日の出とともに静かに消灯していく。

23

魹ヶ埼灯台

とどがさきとうだい

岩手県宮古市

本州最東端に立つ 北海道航路識別の最初の道しるべ

航路標識	1647［M6598］
初点灯日	1902(明治35)年3月1日
光達距離	20.0海里(約37km)
塔高/灯高	34m/58m
構造材質	コンクリート造
実効光度	530,000カンデラ
レンズ	第3等大型フレネル式
訪問日	2021/6/28

本州最東端にある重茂(おもえ)半島魹ヶ崎突端の岩場に立つノッポ灯台。車道は開通しておらず、陸中海岸自然歩道を1時間歩いて到達する。本州最東端の沿岸大型灯台として特に北海道に向かう船舶の大きな目印となる。初点灯は古く1902(明治35)年、太平洋戦争の終戦直前に被災したため1950(昭和25)年に復元された。

東経142度4分21秒「本州最東端の碑」が岩場に刻されている。日本最東端の納沙布岬灯台は東経145度49分01秒。

三陸海岸の灯台では一際明るい光度を誇るが、荒天時の太平洋は灯光をさえぎるほどの荒波となる。

‖24

入道埼灯台

にゅうどうさきとうだい

秋田県男鹿市

航路標識	1414 [M7058]
初点灯日	1898(明治31)年11月8日
光達距離	20.0海里(約37km)
塔高/灯高	28m/57m
構造材質	コンクリート造
実効光度	530,000カンデラ
レンズ	第3等大型フレネル式
訪問日	2020/10/2

北緯40度線上の西側 入道埼に立つ国際灯台

一面に広がる緑の大地と日本海の青い海、そんなパノラマの景色に圧倒される名勝の地。男鹿半島最北端の入道崎台地にすっくとそびえる、黒と白の横じま模様の塔の足もとには、北緯40度線上を記した石塔モニュメントが立つ。同じ北緯40度線上の灯台として太平洋側の陸中黒埼灯台と対をなしている。

雪景色の中でも目立つ白と黒のしま模様は海と空の背景に美しく映える。北国を守る灯台の見事な配色。

入道埼灯台は北緯 40 度線上に立つ国際灯台。北緯 40 度は地球の赤道より北 40 度の角度に位置し、ヨーロッパ、地中海、アジア、太平洋、大西洋の世界的に有名な都市を通る地政学的に意義のある緯度。マドリード、ニューヨーク、北京、ナポリが該当する。日本では秋田県入道埼灯台、岩手県陸前中黒埼灯台の付近を通過している。

25

旧酒田灯台

きゅうさかたとうだい

山形県酒田市

北前船西廻り航路の基点 海洋国家繁栄の礎

航路標識	—
初点灯日	1895(明治28)年10月20日
光達距離	9浬(約17km)
塔高/灯高	—/16m
構造材質	木造
光度	—
レンズ	不動無等級レンズ
訪問日	2023/9/7

酒田港発祥の地、最上川河口の宮野浦に1895(明治28)年竣工の木造六角灯台。北前船で繁栄した酒田の海を1世紀以上にわたり照らし続け、1988(昭和63)年8月、現在の日和山公園に移設された。今もって美しい姿をとどめ、酒田市のシンボルとして多くの人から親しまれている。

河村瑞賢(かわむらずいけん)は今日の酒田の礎をつくった人物。江戸時代、米どころの多い日本海を通る航路開拓のため幕府の命を受け派遣され、酒田から下関経由で浪花や江戸に物資を運ぶ西廻り航路を確立した。三重県伊勢町安乗埼灯台（p.82参照）の近くで生まれ、80年の生涯をかけて海洋国家日本の礎を造った日本灯台の祖父。

河村瑞賢像（写真提供：酒田市役所）

26

鼠ケ関灯台

ねずがせきとうだい

山形県鶴岡市

源義経ゆかりの弁天島に立つ 赤鳥居をくぐる灯台

航路標識	1363[M7088]
初点灯日	1925(大正14)年4月1日
光達距離	12.0海里(約26km)
塔高/灯高	14m/21m
構造材質	コンクリート造
実効光度	3,700カンデラ
レンズ	高光度LED灯器
訪問日	2021/6/29

山形県と新潟県の県境、庄内浜鼠ケ関弁天島に位置する。弁天島は、源義経が兄・頼朝に追われ平泉に逃れる途中、舟で上陸した地として伝えられている。白亜の灯台と赤い鳥居は日本と西洋が交わったとされるユニークな景観を作り出し、日本海の大海原に沈む夕日の美しさは格別であった。

古くから東北への玄関口であった鼠ケ関は、「奥の細道」で知られる松尾芭蕉の書にも足跡が記されているという。歴史を感じることのできる稀有な場所、鼠ヶ関。

漁の安全を願って設置された金比羅神社の赤鳥居。遊歩道で繋がる弁天島は、かつては干潮時のみ陸続きになる小島だった。

27

塩屋埼灯台

しおやさきとうだい

福島県いわき市

航路標識	1801［M6512］
初点灯日	1899(明治32)年12月15日
光達距離	22.0海里(約41km)
塔高/灯高	27m/73m
構造材質	コンクリート造
実効光度	440,000カンデラ
レンズ	第3等大型フレネル式
訪問日	2018/6/25

灯台守の映画「喜びも悲しみも幾年月」原点の灯台

日本全国の辺地の灯台勤務を重ねた灯台守夫人の手記をもとにした映画「喜びも悲しみも幾年月」の舞台となった塩屋埼灯台。2011(平成23)年の東日本大震災で被災し損壊消灯を余儀なくされたが、およそ9か月後には復旧し、太平洋の青い地平線と白亜の塔が復興のシンボルとして見事に蘇った。

映画「喜びも悲しみも幾年月」(1957年)に登場する灯台

①	観音埼灯台	神奈川県
②	石狩灯台	北海道
③	女島灯台	熊本県
④	弾埼灯台	新潟県佐渡市
⑤	御前埼灯台	静岡県
⑥	安乗埼灯台	静岡県
⑦	男木島灯台	香川県
⑧	日和山灯台	北海道

灯台の立つ塩屋岬には、昭和最後の名曲といわれた「みだれ髪」の歌碑があり、メロディが絶えることはない。数々の名曲を世に出した作詞家・星野哲郎と作曲家・船村徹のコンビが、美空ひばりの再起を飾るため全力で作ったと言われている。3名は故人となったが、今も多くの人々に愛され、歌い継がれている。

白砂に青松が連なる美しい海岸線「いわき七浜」から突き出た岬に立つ。地元では「豊間の灯台」として親しまれている。また灯台の北側に位置する白砂の美しい薄磯海岸は日本の渚100選に選定されている。

28

大須埼灯台

おおすさきとうだい

宮城県石巻市

航路標識	1716［M6556］
初点灯日	1949(昭和24)年9月7日
光達距離	12.0海里(約22km)
塔高/灯高	12m/50m
構造材質	コンクリート造
実効光度	3,700カンデラ
レンズ	高光度LED灯器
訪問日	2021/7/1

ローマ使節出航の地 25km南には金華山灯台

宮城県は金華山灯台が名実ともに一番手であるが、石巻市雄勝半島の東端に立つ大須埼灯台は公園の敷地狭しと咲き誇る花々に囲まれた憩いの場として親しまれている。灯台から見るハート形をした大須魚港は自然の妙技。

大須埼灯台から前方の金華山を見る。金華山灯台までは 25km の距離。

29

角田岬灯台

かくだみさきとうだい

新潟県新潟市

灯台の建つ断崖と海水浴砂浜ビーチが隣り合わせ

航路標識	1312 [M7117]
初点灯日	1959(昭和34)年11月15日
光達距離	19.0海里(約35km)
塔高/灯高	13m/50m
構造材質	コンクリート造
実効光度	130,000カンデラ
レンズ	LB-M30型灯器
訪問日	2021/6/30

角田岬灯台は、新潟市西南の海岸線にある角田浜から、一人通るのがやっとの幅の狭い階段が続く山道を５分ほど登った先にある。佐渡海峡を渡る船舶の道しるべとなる灯を届け、航海の手助けをしている。日本海に沈む夕日のパノラマを眺望でき、また日本の灯台には珍しく、海水浴場が隣接する。

標高 482m の角田山中腹に位置する。晴れた空の下、山と海と砂浜に囲まれ、白亜の塔身が際立つ風景に心が満たされる。

灯台の立つ角田山の海側は、断崖絶壁の岬になっていて、源義経が平泉に逃れる際に舟とともに身を隠したとされる洞穴「判官舟かくし」がある。

この日は天気に恵まれ、穏やかな海を見渡すことができた。日本海の向こうに佐渡島が見える。

30

姫埼灯台

ひめさきとうだい

新潟県佐渡市

日本最古の鉄造り灯台 世界灯台100選の一つ

航路標識	1336［M7096］
初点灯日	1895（明治28）年12月10日
光達距離	18.0海里（約33km）
塔高/灯高	14m/42m
構造材質	鉄造
実効光度	130,000カンデラ
レンズ	LB-M30型灯器
訪問日	2018/6/28

姫埼灯台は佐渡島の入口である両津湾の東突端に立ち、越佐(えっさ)海峡（佐渡海峡）を照らす。佐渡で初めての灯台として、1895（明治28年）に初点灯。現存する鉄造りの灯台としては日本最古の建設であり、歴史的文化的価値は極めて高い。世界の灯台100選に選ばれている日本5灯台の一つ。日本の5灯台は、犬吠埼灯台、姫埼灯台、神子元島灯台、美保関灯台、出雲日御碕灯台。そのうち、犬吠埼灯台、美保関灯台、出雲日御碕灯台は国の重要文化財に指定されている。

鉄造りながら、真っ白な六角形のシルエットはとてもエレガントな印象。保存灯台Aランクに指定され、文化遺産として永久保存が決まっている。世界灯台100選の一つ。

佐渡の表玄関両津港に入港する船舶の安全を見守る。

かつての職員宿舎を模したレトロな資料館「姫崎燈台館」。

関東・中部

㉛ 磯埼灯台
㉜ 日立灯台
㉝ 犬吠埼灯台
㉞ 太東埼灯台
㉟ 勝浦灯台
㊱ 野島埼灯台
㊲ 洲埼灯台
㊳ 剱埼灯台
㊴ 城ケ島灯台
㊵ 観音埼灯台
㊶ 竜王埼灯台
㊷ 門脇埼灯台
㊸ 初島灯台
㊹ 爪木埼灯台
㊺ 神子元島灯台
㊻ 石廊埼灯台
㊼ 舞阪灯台
㊽ 掛塚灯台
㊾ 御前埼灯台
㊿ 清水灯台

31

磯埼灯台

いそさきとうだい

茨城県ひたちなか市

町中の高台から太平洋と大洗港の航路を照らす

航路標識	1839［M6495.5］
初点灯日	1951（昭和26）年8月17日
光達距離	17.0海里（約31km）
塔高/灯高	15m/36m
構造材質	コンクリート造
実効光度	160,000カンデラ
レンズ	LB-M30型灯器
訪問日	2021/4/26

県中央部磯崎岬の高台住宅地に立つ白亜の灯台。眼下は道路越しに太平洋が広がり、岩礁に白波が砕け散る。太平洋航路と大洗港の灯火として1951（昭和26）年に建造された新しい灯台。北部には国立ひたち海浜公園、南部には平磯海水浴場がある町中の灯台。

住宅街に自然に溶け込んで立つ磯埼灯台。荒波や強風に立ち向かうといった灯台のもつイメージとはややかけ離れている。灯台北の磯崎海岸周辺にはホテルや旅館など宿泊施設が充実しており、海水浴シーズンは特に多くの宿泊客が訪れる。

太平洋航路と大洗港をナビする磯埼灯台。大洗港へ入る大型船舶が遠くに見える。

32

日立灯台

ひたちとうだい

茨城県日立市

航路標識	1833［M6495.8］
初点灯日	1967(昭和42)年3月31日
光達距離	12.5海里(約23km)
塔高/灯高	25m/41m
構造材質	コンクリート造
実効光度	210,000カンデラ
レンズ	第3等レンズフレネル式
訪問日	2019/12/1

日本で唯一 白・赤・緑3色の光を同時に放つ

日立港の開港を記念して建設された昭和点灯の数少ない灯台の一つ。首都圏近郊の日立市内、休日は家族連れでにぎわう古房地（こぼうち）公園の中に立っており、誰もが行きやすい灯台。和蝋燭のイメージでデザインされたフォルムをもち、夜間の白・赤・緑の３閃光が海に向かって走っていく様は日本で唯一日立灯台だけに見る光景。

33 重要文化財

犬吠埼灯台

いぬぼうさきとうだい

千葉県銚子市

航路標識	1869［M6478］
初点灯日	1874（明治7）年11月15日
光達距離	19.5海里（約36km）
塔高/灯高	31m/52m
構造材質	レンガ造
実効光度	1,100,000カンデラ
レンズ	第1等フレネル式
訪問日	2017/4/23

日本一の灯台美を誇る 人生航路の道しるべ

日本の灯台建築の父R・H・ブラントンの最高傑作の洋式灯台と絶賛される。英国人の設計に近郊利根川流域の国産レンガが使用された意義は大きい。31mの白亜の塔に、空と海と大地が織りなす造形美。国内最大級およそ2mのフレネルレンズが放つ110万カンデラの光度を備え、文字通り日本を代表する第1等灯台、国の重要文化財指定第1号。

犬吠埼灯台の立つ銚子は日本作曲家協会の現会長・弦哲也氏の生まれ育った故郷である。犬吠埼の灯に導かれ、演歌の心に辿りついた半生を顧み、「犬吠埼の灯は人生航路を照らす灯」、未来につなぐ希望の灯と語る。

灯台玄関前の白い郵便ポスト。投函した手紙と一緒に幸せを運んでくれる愛とロマンのスポット。

犬吠埼灯台のある銚子市から旭市まで約10km、高さ 40 ～ 50m の海食崖が続く。英仏海峡ドーバーの「白い壁」にも匹敵する景観から「東洋のドーバー」といわれている。

犬吠埼灯台は銚子港年間水揚量日本一を支えるために大きな役割を担っている。漁獲でいっぱいの船は犬吠埼沖の険しい航路を灯台の灯に導かれて着岸する。

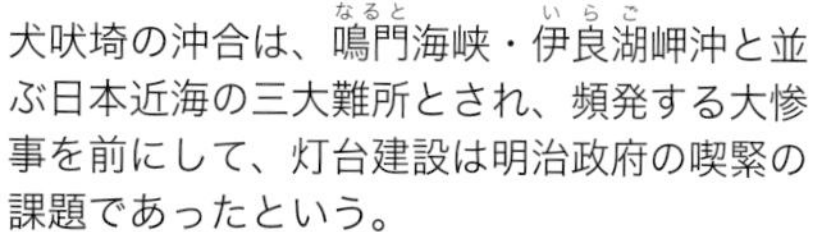

犬吠埼の沖合は、鳴門海峡・伊良湖岬沖と並ぶ日本近海の三大難所とされ、頻発する大惨事を前にして、灯台建設は明治政府の喫緊の課題であったという。

34

太東埼灯台

たいとうさきとうだい

千葉県いすみ市

地域の灯台愛好家 NPO灯台クラブを結成

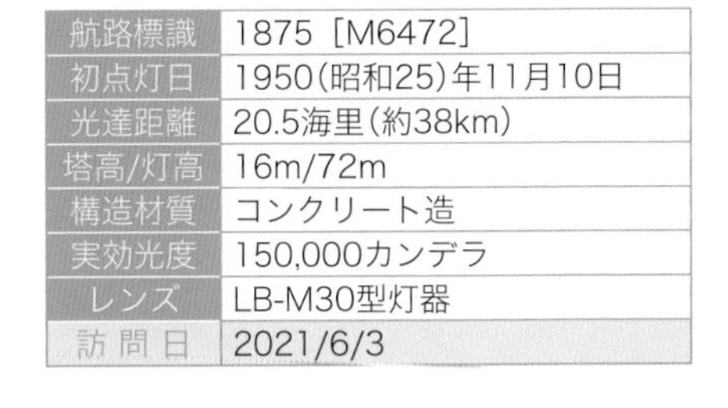

航路標識	1875［M6472］
初点灯日	1950(昭和25)年11月10日
光達距離	20.5海里(約38km)
塔高/灯高	16m/72m
構造材質	コンクリート造
実効光度	150,000カンデラ
レンズ	LB-M30型灯器
訪問日	2021/6/3

房総半島九十九里浜の南端、海岸侵食の厳しい太東崎の突端後方の緑地に立つ。現在の灯台は２代目、もともと太東村が戦後に建てた灯台を1950(昭和25)年に国へ移管、太東埼灯台と命名し今日に至る。1972(昭和47)年に山頂から現在の場所に移動新設された。地元いすみ市の灯台愛好家市民団体「NPO太東埼燈台クラブ」が毎年５月４日に「燈台まつり」を開催。朝市もあり、心潤う灯台の町。

NPO太東埼燈台クラブの活動と全国から寄せられたメッセージが紹介されている。

灯台の立つ岬から、晴れた昼間は太平洋と九十九里が見渡せ、夜間は満点の星が煌めく。

35

勝浦灯台

かつうらとうだい

千葉県勝浦市

航路標識	1884［M6470］
初点灯日	1917(大正6)年3月1日
光達距離	22.0海里(約41km)
塔高/灯高	21m/71m
構造材質	コンクリート造
実効光度	280,000カンデラ
レンズ	第４等フレネル式
訪問日	2021/6/3

八角形の塔 野島埼灯台と姉妹灯台のよう

房総半島太平洋側の犬吠埼灯台と野島埼灯台を結ぶ海岸線航路、特に勝浦八幡岬の沖合は、海難事故が絶えない海の難所とされた。勝浦灯台は、この海の難所を見渡す八幡岬に立つ白亜の灯台。三方を海に囲まれ、海から昇る朝日と海に沈む夕日を同じ場所で満喫できることも野島埼灯台と同じ。姿もロケーションもよく似ていて、姉妹のように見える。

白亜八角形の塔基、大正ロマンの優美ただよう美しい立ち姿。

灯台の立つ八幡岬「ひらめきヶ丘」から山の緑と海の青さと白い波の美しいコントラストを見る。

36

野島埼灯台

のじまさきとうだい

千葉県南房総市

日本の洋式灯台第2号 八角形のユニークな塔基

航路標識	1910［M6456］
初点灯日	1870(明治3)年1月19日
光達距離	17.0海里(約31km)
塔高/灯高	29m/36m
構造材質	コンクリート造
実効光度	730,000カンデラ
レンズ	第2等フレネル式
訪問日	2017/2/21

野島埼灯台は、東京湾入港の船舶が最初に認証する航路の重要ポイント。三浦半島の観音埼灯台に次いで、国内で2番目に古い洋式灯台。明治初期に江戸条約により建築された8灯台の一つ。日本灯台建築のもう一人の父ともいわれるフランス人、レオンス・ヴェルニーの設計、八角形の優美なフォルムを見せている。

美しい白亜の塔は「白鳥の灯台」とも呼ばれる。野島埼灯台の立つ野島崎はかつて離れ島であったが、元禄の大地震で陸続きとなった。

太平洋の大海原から東京湾を目指して航行する大型船舶は、右に房総半島最南端の野島埼灯台と洲埼灯台を見て、左に三浦半島の城ケ島灯台・劔埼灯台、狭い浦賀水道の観音埼灯台を見て東京湾に入る。

朝日と夕日を眺望できる絶景の地。東京湾へ入っていく大型船舶が遠望できる。

37

洲埼灯台

すのさきとうだい

千葉県館山市

東京湾の入り口右舷から白と赤の光を放つ

航路標識	2003［M6452］
初点灯日	1919(大正8)年12月15日
光達距離	18.5海里(約34km)
塔高/灯高	15m/45m
構造材質	コンクリート造
実効光度	白110,000/赤70,000カンデラ
レンズ	第4等フレネル式
訪問日	2017/2/22

房総半島南西端に立つ洲埼灯台は、三浦半島端の剱埼灯台と対面して東京湾の入り口を守っている。洲埼灯台は白と赤、一方の剱埼灯台は白と緑の光を放ち、船舶は赤と緑を識別して航路をとる。国登録有形文化財になっており、重要文化財への昇格が待たれる。

初期の鉄筋コンクリート造灯台としても価値が高い。

敷地内の高台からは館山港を行き交う船が見える。視程のよい日は海の向こうに富士山が望める。

38

剱埼灯台

つるぎさきとうだい

神奈川県三浦市

東京湾の入り口左舷から白と緑の光を放つ

航路標識	2018 [M6354]
初点灯日	1871(明治4)年3月11日
光達距離	17.5海里(約31km)
塔高/灯高	17m/41.1m
構造材質	コンクリート造
実効光度	白480,000/緑220,000カンデラ
レンズ	第2等フレネル式
訪問日	2019/4/30

剱埼灯台は、三浦半島南東端に位置し、浦賀水道や相模灘を照らしている。この剱崎から南南東に位置する館山市の洲埼灯台までを結ぶ線が東京湾と太平洋の境界となっている。期せずして平成の最終日の訪問となった。明治・大正・昭和・令和と時代をつなぐ現役灯台。

当初は石造であったが、1923(大正12)年の関東大震災で倒壊し、コンクリート造に再建。

■千葉市

対岸の洲崎灯台は南南東約20kmに位置する。さすがに肉眼でとらえることはできないが、房総半島は確認できる。

39

城ケ島灯台

じょうがしまとうだい

神奈川県三浦市

航路標識	2407［M6343］
初点灯日	1870(明治3)年9月8日
光達距離	16.0海里(約30km)
塔高/灯高	12m/30m
構造材質	コンクリート造
実効光度	310,000カンデラ
レンズ	第4等フレネル式
訪問日	2017/5/22

通り矢の沖を照らし剱埼灯台・観音埼灯台へと導く

明治初期に造られた灯台はイギリス人のリチャード・ブラントンが手掛けたものが多いが、野島埼灯台及び城ケ島灯台はフランス人技師レオンス・ヴェルニーによる。残念ながら、当時の灯台は1923(大正12)年の関東大震災で倒壊したが、彼の名を冠した公園が横須賀に作られ名を後世に伝えている。現在の白色円塔形コンクリート造りの塔基は、1925(大正14)年に再建。

日本有数のマグロ水揚量を誇る三崎漁港から船で城ケ島へ渡る。

北原白秋作詞の舟歌「城ケ崎の雨」で歌われる“通り矢”で有名な城ヶ島は、東西に細長く伸びた周囲4kmの岩礁の地。

40

観音埼灯台

かんのんさきとうだい

神奈川県横須賀市

航路標識	2030［M6360］
初点灯日	1869(明治2)年2月11日
光達距離	19.0海里(約35km)
塔高/灯高	19m/56m
構造材質	コンクリート造
実効光度	77,000カンデラ
レンズ	第4等フレネル式
訪問日	2017/5/22

江戸条約灯台の一つ 日本の洋式灯台第1号

東京湾の入り口「浦賀水道」に面して立っている観音埼灯台は、日本海運近代化に灯りをともしたわが国最初の洋式灯台。1869(明治2)年2月11日初点灯の開国江戸条約灯台である。歴史を刻んだ起工日の明治元年11月1日は、のちに灯台記念日となる。

灯台近くに建つ「東京湾海上交通センター」は、1977(昭和52)年設置。観音埼灯台とともに東京湾内のナビを担ってきた。本センターは2017(平成29)年に第三管区海上保安本部のある横浜第2合同庁舎に移転し、現在は無人レーダー施設となっている。

日本最大の交通量を誇る東京湾を行き来する船舶。灯台上からは対岸の房総半島も見渡せる。

41

竜王埼灯台

りゅうおうさきとうだい

東京都大島町

航路標識	3203［M6280］
初点灯日	1951（昭和26）年6月22日
光達距離	20.5海里（約38km）
塔高/灯高	14m/67m
構造材質	鉄造
実効光度	150,000カンデラ
レンズ	LB-M30型灯器
訪問日	2020/10/6

伊豆大島最南端 戦禍の爪跡の地に立つ

三原山を挟んで伊豆大島灯台と対極にある南端波浮（はぶ）港の丘に立つ。江戸時代寛永年間に、他国の黒船来襲に備えて設置された鉄砲場跡地に1951（昭和26）年初点灯。

第二次世界大戦時の陸軍監視所の施設が今も保存されている。

波浮港を見下ろし、伊豆七島の航路を照らす。

42

門脇埼灯台

かどわきさきとうだい

静岡県伊東市

航路標識	2434［M6303］
初点灯日	1960（昭和35）年3月1日
光達距離	18.0海里（約33km）
塔高/灯高	25m/44m
構造材質	コンクリート造
実効光度	160,000カンデラ
レンズ	LB-M30型灯器
訪問日	2020/5/3

城ヶ崎の突端に伊東市が建設した観光灯台

灯台は例外なく海上交通の安全を図るために造られるものであるが、この灯台は、伊東市が観光用の展望台として造ったのがはじまり。一方、上部には灯器も設置され、灯台の役割もしっかり果たす。

灯台下の門脇つり橋。風の強い日は橋に向かって波しぶきが洗う。

展望室まで無料で登れるのがうれしい。

43

初島灯台

はつしまとうだい

静岡県熱海市

相模湾の安全塔 赤と緑のパワフルな灯り

航路標識	2425［M6309］
初点灯日	1959(昭和34)年3月25日
光達距離	16.5海里(約30km)
塔高/灯高	16.1m/63.1m
構造材質	コンクリート造
実効光度	赤28,000/緑30,000カンデラ
レンズ	LB-M60型灯器
訪問日	2023/5/3

初島灯台は熱海沖10kmの地に浮かぶ初島に建設された小型灯台。気象・海象の厳しい相模湾を航行する船舶や漁船の道しるべとして1959(昭和34)年3月25日初点灯。2007(平成19)年にリニューアル、塔基の外に螺旋(らせん)階段が設置された全国唯一の灯台。

熱海沖10km、周囲4km、人口180人。「相模湾の真珠」と呼ばれる初島。

‖44

爪木埼灯台

つめきさきとうだい

静岡県下田市

航路標識	2441［M6296］
初点灯日	1937(昭和12)年4月1日
光達距離	12.0海里(約22km)
塔高/灯高	17m/38m
構造材質	コンクリート造
実効光度	3,700カンデラ
レンズ	高光度LED灯器
訪問日	2019/12/23

300万本の水仙が咲き誇る広場の突端にそびえ立つ

下田爪木埼灯台は福井越前岬灯台、岡山六島灯台と共に日本三大水仙灯台として名高い。

灯台のある下田須崎半島一帯では毎年冬季に爪木崎水仙まつりが開催され、スラリと立つ白亜の塔が一際美しく映える光景に多くの人が訪れる。

伊豆半島の南東部に位置し、海水浴場や爪木崎自然公園が整備されている。

‖45

神子元島灯台

みこもとしまとうだい

静岡県下田市

航路標識	2447［M6290］
初点灯日	1871(明治4)年1月1日
光達距離	19.5海里(約36km)
塔高/灯高	23.3m/50.8m
構造材質	石造
実効光度	400,000カンデラ
レンズ	第3等大型フレネル式
訪問日	2019/12/23

日本灯台の父 H. R. ブラントン作の第1号

下田港沖合 11km に浮かぶ島・神子元島にある 1871(明治 4)年 1 月 1 日初点灯の神子元島灯台は、日本灯台の父ブラントンが最初に手掛けた洋式灯台。激しい潮流と強風で工事は困難を極めた。彼が在日 10 年で建設した 26 灯台の第 1 号で、歴史的価値は高い。

島への上陸は叶わなかったが、石廊埼灯台から神子元島を望む。神子元島灯台は下田港南沖 11km。

46

石廊埼灯台

いろうさきとうだい

静岡県賀茂郡南伊豆町

灯台と神社の組み合わせ 断崖に創建1300年の社

航路標識	2448［M6270］
初点灯日	1871(明治4)年10月5日
光達距離	白20.0/赤18.0海里
塔高/灯高	11m/60m
構造材質	コンクリート造
実効光度	白130,000/赤53,000カンデラ
レンズ	LED回転型灯器(LRL-ＩＩ型)
訪問日	2019/12/23

初点灯は1871(明治4)年と灯台としては最初期のもので、当時は木造八角形、灯高6.1 mのものであった。しかし1932(昭和7)年の暴風で大破、翌年にコンクリート造りのものを再建。沖合の神子元島灯台と同じ明治初期に日本灯台の父ブラントンが建設した灯台。

石廊埼灯台のさらに先に石室（いしむろ）神社がある。岬の岩肌と一体化したようなこの社殿は、1300年以上も前の701年に創建された。海の守り神として崇められている。

47

舞阪灯台

まいさかとうだい

静岡県浜松市

航路標識	2501 [M6219]
初点灯日	1964(昭和39)年4月21日
光達距離	17.0海里(約31km)
塔高/灯高	28m/37m
構造材質	コンクリート造
実効光度	120,000カンデラ
レンズ	LB-M30型灯器
訪問日	2022/9/9

遠州灘沖はるか30km先まで照らすノッポ灯台

遠州灘の中央に位置する舞阪灯台は浜名湖入口の防風林の中に立つ白亜の灯台。塔が高く、光度も大きく、光が遠くまで届くため、遠州灘沿岸灯台として貴重な役割を担っている。灯台は昭和期の建造だが、灯台の立つ舞阪の地には旧東海道が走り、江戸時代の東海道五十三次「舞阪宿」として栄えた歴史ある風情を残している。

静岡県の御前崎から愛知県の伊良湖岬まで 110km にわたり扇形に広がる遠州灘。

‖48

掛塚灯台

かけづかとうだい

静岡県磐田市

航路標識	2499［M6224］
初点灯日	1897（明治30）年3月25日
光達距離	12.5海里（約23km）
塔高/灯高	16m/25m
構造材質	上部鉄造、下部コンクリート造
光度	5,600カンデラ
レンズ	高光度LED灯器
訪問日	2022/9/9

遠州灘に向き合って1世紀 威風堂々の立塔

天竜川の河口に立つ掛塚灯台の歴史は古く、1880（明治13）年に旧幕臣・荒井信敬（あらいしんけい）が私財を投じて建てた「改心灯台」がはじまり。現灯台は1897（明治30）年に初点灯、2002（平成14）年に砂浜から現在の竜洋海洋公園に移設。現存する明治時代の貴重な灯台で、静岡県内では神子元島灯台・御前埼灯台に次ぐ存在価値をもつ。

この海域の東端に御前埼灯台、中央に掛塚灯台、舞阪灯台、西端に伊良湖岬灯台が並んでいる。

49 **重要文化財**

御前埼灯台

おまえさきとうだい

静岡県御前崎市

航路標識	2495［M6228］
初点灯日	1874(明治7)年5月1日
光達距離	19.5海里(約36km)
塔高/灯高	22m/54m
構造材質	レンガ造
実効光度	560,000カンデラ
レンズ	第3等大型フレネル式
訪問日	2019/9/7, 2023/5/7

日本のセンターに位置 灯台の中の灯台

御前埼灯台は相模湾・遠州灘を左右に見る御前崎の突端に立つ。日本列島のセンターに位置し、名実ともに日本を代表する灯台、2021（令和３）年国の重要文化財に指定された。10歳の頃、「御前崎西の風、風力3、晴れ、波1m穏やか」とラジオの天気予報で初めて耳にした御前崎の地に、66年経って訪れたこの日の感動はひとしおであった。

田畑義夫「ふるさとの燈台」の歌碑が灯台を背にして建立されている。1949(昭和24)年リリースの大ヒットした古い演歌。

2016(平成 28)年に、1982(昭和 57)年以来の 34 年ぶりの大掛かりな工事を終え、内部の螺旋階段の途中には、レンガ造りが分かる小窓も新設された。毎年5月のゴールデンウィークには「灯台まつり」が開催され、広場はたくさんの人でにぎわう。

50 **重要文化財**

清水灯台

しみずとうだい

静岡県静岡市

航路標識	2473［M6248］
初点灯日	1912(明治45)年3月1日
光達距離	14.0海里(約26km)
塔高/灯高	18m/21m
構造材質	コンクリート造
実効光度	50,000カンデラ
レンズ	第6等フレネル式
訪問日	2022/7/22, 2023/8/27

羽衣伝説の地 鉄筋コンクリート灯台の第1号

後方に三保(みほ)の松原、前方に駿河湾と富士山を望む三保半島突端吹合ノ岬(ふきあいのみさき)に立つ清水灯台。地元では「三保灯台」の名で親しまれている。日本で初めての鉄筋コンクリート造り、小さな洋式灯台であるが歴史的かつ文化的価値は高く、国の重要文化財に指定されている。

八角形塔基の美しいシルエット、頂部には羽衣伝説の天女にちなんでデザインされた風見鶏。

北陸・東海

- ㊿ 岩崎ノ鼻灯台
- ㊾ 生地鼻灯台
- 53 禄剛埼灯台
- 54 旧福浦灯台
- 55 海士埼灯台
- 56 大野灯台
- 57 越前岬灯台
- 58 常神岬灯台
- 59 立石岬灯台
- 60 伊良湖岬灯台
- 61 野間埼灯台
- 62 菅島灯台
- 63 安乗埼灯台
- 64 大王埼灯台
- 65 麦埼灯台

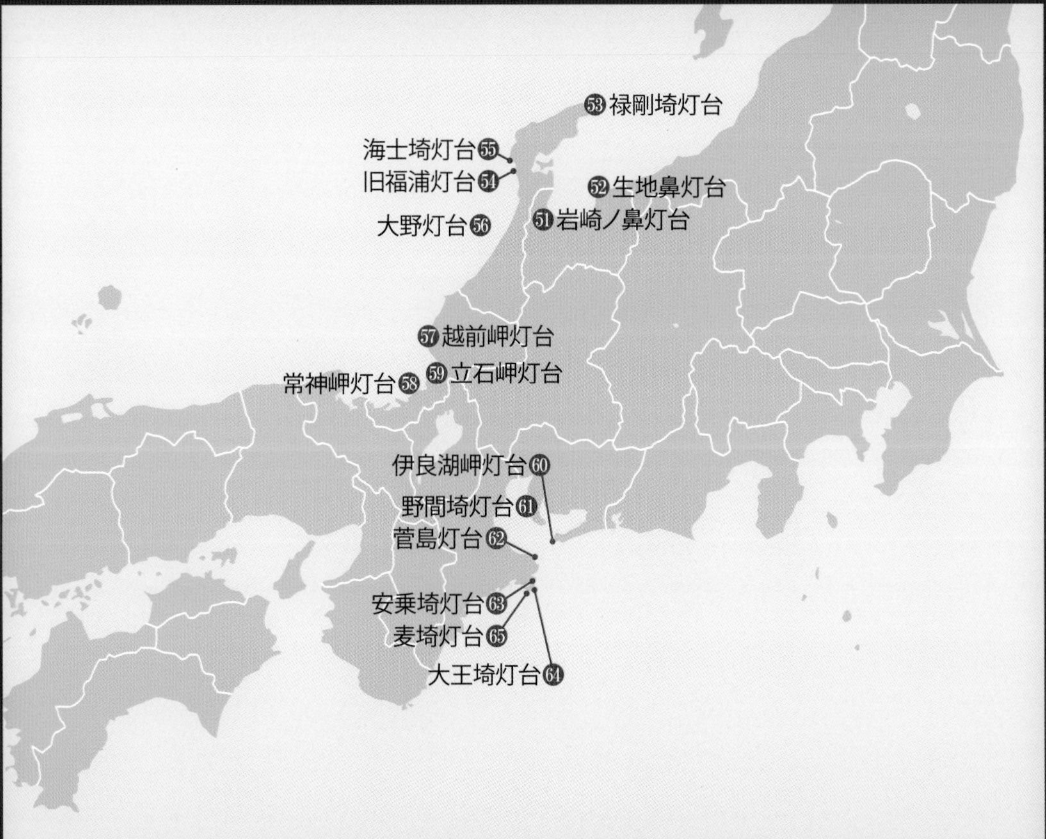

51

岩崎ノ鼻灯台

いわさきのはなとうだい

富山県高岡市

天下の景勝 雨晴海岸と立山連峰を望む高台に立つ

航路標識	1258［M7160］
初点灯日	1951（昭和26）年5月30日
光達距離	20.0海里（約37km）
塔高/灯高	14m/58m
構造材質	コンクリート造
実効光度	310,000カンデラ
レンズ	第4等フレネル式
訪問日	2022/10/21

富山湾を航行する船舶の安全を守る重要な灯台。すぐ北の雨晴(あまはらし)海岸や伏木富山(ふしきとやま)港を見渡す高台に立つ。「雨晴」とは、かつて鎌倉を追われた源義経と弁慶が奥州に落ちのびる際、この地でにわか雨が晴れるのを待ったのが由来という。

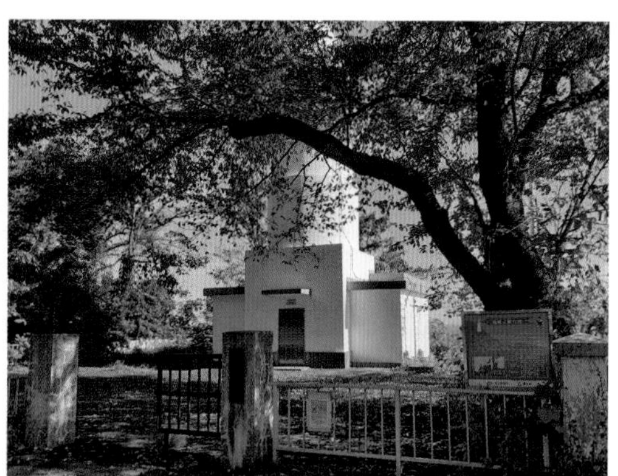

雨晴海岸から晴れた日には富山湾越しに立山連峰の 3,000m 級の山々を望むことができる。

北陸・東海

52

生地鼻灯台

いくぢはなとうだい

富山県黒部市

航路標識	1290［M7137］
初点灯日	1951（昭和26）年2月11日
光達距離	16.5海里（約31km）
塔高/灯高	30m/33m
構造材質	コンクリート造
実効光度	210,000カンデラ
レンズ	第4等フレネル式
訪問日	2022/10/21

立山連峰を背に立つツートンカラーの高い塔

雄大な立山連峰を背に平地の黒部市生地の海岸住宅街に立つ生地鼻灯台。富山湾と日本海の境界ラインと黒部港の港湾灯火の役割を担う富山県最古の灯台。塔基には雪国特有の黒帯が２本入り、塔高30mで、富山湾対岸の能登半島からも識別できる。

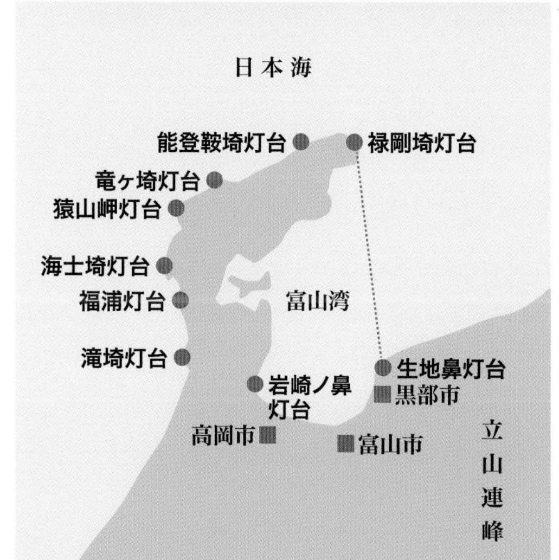

穏やかな内海富山湾は東の生地鼻灯台・西の岩崎ノ鼻灯台、荒れる能登外海の日本海側は禄剛埼、能登鞍埼、竜ヶ埼、猿山岬、海士埼、福浦、滝埼の７灯台が照らす。この海域は海難事故が多発し、多くの灯りを必要とした。

塔高30m、周囲に高い建物が一切ないため、灯台上部からの眺めは壮観そのもの。南方の滑川市に向かって湾曲する富山湾を一望できる。

53

禄剛埼灯台

ろっこうさきとうだい

石川県珠洲市

日本で唯一「菊のご紋章」のある灯台

航路標識	1123［M7196］
初点灯日	1883(明治16)年7月10日
光達距離	18.0海里(約33km)
塔高/灯高	12m/48m
構造材質	石造
光度	55,000カンデラ
レンズ	第2等フレネル式
訪問日	2018/11/15

能登半島の最先端の内浦と外浦を分かつ場所に立ち、上る朝日と沈む夕日が見られるのが禄剛埼灯台である。灯台が所在するのは石川県珠洲(すず)市狼煙(のろし)町、この地名から「狼煙の灯台」とも呼ばれる。塔正面には灯台の建設を記念して下賜された日本で唯一「菊のご紋章」入りのプレートがある。全国でもこの禄剛埼灯台だけ、不変の価値をもつ灯台。

灯台近くにある標識「釜山 783km」「ウラジオストック 772km」は、ここが外国との交易の地であったことを物語る。能登半島は古くから朝鮮半島やロシア極東地域と交流があり、この地に渡来した人びとが居住したという。

灯台正面中央、塔基と土台の間に「菊のご紋章」と点灯日が印されたプレートが設置されている。

港を見下ろせる山伏（やまぶし）山の頂では、かつて狼煙がたかれ、北前船の海運を見守る灯明台が置かれていた（下写真の左側）。当時狼煙港は航行する船舶の一時避難の港としてにぎわいを見せたとも伝わる。

‖54

旧福浦灯台

きゅうふくらとうだい

石川県羽咋郡志賀町

航路標識	―
初点灯日	1876(明治9)年
光達距離	―
塔高/灯高	5m/―
構造材質	木造
光度	―
レンズ	―
訪問日	2019/6/9

風変わりな姿をした日本最古の西洋式木造灯台

旧福浦灯台は現存する最古の西洋式木造灯台で、1876(明治9)年建設。かつての灯明堂を模して、桟瓦葺(さんかわらぶき)に塔基の土台は3層構造。日本海北前船が一世を風靡した時の海上交通史を語る歴史遺産。現在、旧灯台は光を放たず役割を終えているが、国や市の史跡指定を受け、登録有形文化財として残されている。

全国で福浦・酒田・堺・金ノ弦岬(下関)の4灯台が保存され、当時の面影を今に残している。

1952年（昭和27年)、南東へ約500mのところに新しい福浦灯台が建設された。それまで76年間にわたり海上交通の安全を担ってきた旧福浦灯台。新灯台までは海岸線沿いの遊歩道を通って十数分ほどで行ける。

55

海士埼灯台

あまさきとうだい

石川県羽咋郡志賀町

航路標識	1107［M7213］
初点灯日	1953(昭和28)年11月1日
光達距離	12.5海里(約23km)
塔高/灯高	15m/28m
構造材質	コンクリート造
光度	5,600カンデラ
レンズ	高光度LED灯器
訪問日	2019/6/9

太陽光パネルに囲まれた円筒形の塔

両脇に太陽光パネルを従え、筒のような形状をしているのが海士埼灯台である。下から見上げると一見、「灯」の部分が見当たらないが、小ぶりながら上部に灯器が載っている。太陽光パネルにより点灯する小さなLED灯器だが、12.5海里の光達距離を持つ。

幹線道路から一歩入った場所とはいえ、決してアクセスが悪いわけでもないのに、訪れる人がほとんどいない。

56

大野灯台

おおのとうだい

石川県金沢市

航路標識	1091［M7232］
初点灯日	1934(昭和9)年3月1日
光達距離	16.5海里(約31km)
塔高/灯高	26m/34m
構造材質	コンクリート造
実効光度	140,000カンデラ
レンズ	LB-H120型灯器
訪問日	2022/12/7

船主が私財を投じて建てた金沢港の道しるべ

明治初期にこの地の船主が灯した港の目印が大野灯台の始まり。1953(昭和28)年、上部が四角形の珍しい現在の姿となった。

訪問時は工事中のためシートで覆われ美しい姿は見られなかった。

(写真提供：海上保安庁)

57

越前岬灯台

えちぜんみさきとうだい

福井県丹生郡越前町

航路標識	1069［M7242］
初点灯日	1940(昭和15)年3月29日
光達距離	21.0海里(約39km)
塔高/灯高	16m/131m
構造材質	コンクリート造
実効光度	200,000カンデラ
レンズ	LB-M30型灯器
訪問日	2017/6/5

越前水仙の群生地から日本海の荒海を見渡す

日本海の荒波に削られた断崖が続く越前岬に立つ。冬には一帯に越前水仙が咲き誇り、孤独に立ち働く灯台を励まし続けるような雰囲気が漂う。

海抜 130 mの高台から海食崖の続く沿岸と日本海を見渡す。

現在の灯台は 2008 年（平成 20）年改築の２代目。

58

常神岬灯台

つねかみみさきとうだい

福井県三方上中郡若狭町

航路標識	1041［M7251］
初点灯日	1957(昭和32)年12月26日
光達距離	12.0海里(約22km)
塔高/灯高	7m/244m
構造材質	コンクリート造
実効光度	3,700カンデラ
レンズ	高光度LED灯器
訪問日	2021/4/21

海抜244m 若狭湾を見守る四角い重要灯台

常神岬灯台は若狭湾中央にある半島の先端、海抜244m の高さから光を放つ四角形の小型灯台。波静かな若狭湾で漁を営む船舶の操業と安全を見守る。

頂上からは若狭湾リアス海岸美 270 度のパノラマ。

灯台へは 1200m の獣道の険しい斜面が続く。

59

立石岬灯台

たていしみさきとうだい

福井県敦賀市

日本人だけで造った最初の純国産灯台

航路標識	1047［M7246］
初点灯日	1881（明治14）年7月20日
光達距離	20.5海里（約38km）
塔高/灯高	8m/122m
構造材質	石造
実効光度	150,000カンデラ
レンズ	LB-M30型灯器
訪問日	2021/4/21

立石岬灯台は、日本灯台の父ブラントンが最後に手がけた角島灯台に続き、日本海側で2番目の灯台。灯台はそれまで江戸条約・大坂条約により外国が要請する場所に建設されてきたが、立石岬灯台が初の純国産灯台となった。灯台の立つ敦賀半島突端は原子力プラントが数多く立地、また麻生幾（あそういく）原作の戦争映画「宣戦布告」のロケ地にもなった場所。

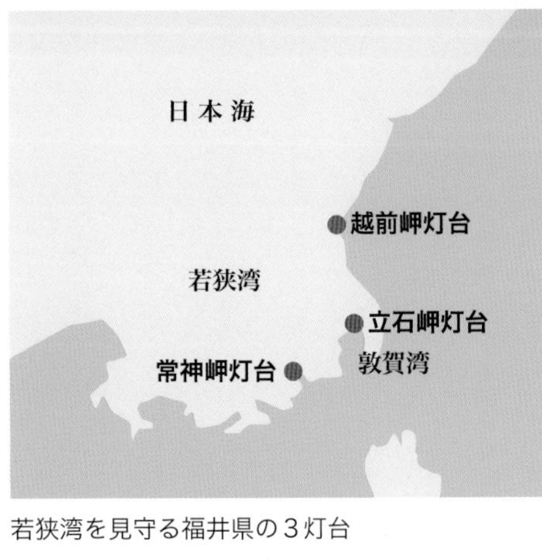

若狭湾を見守る福井県の３灯台

‖60

伊良湖岬灯台

いらごみさきとうだい

愛知県田原市

航路標識	2507［M6052］
初点灯日	1929(昭和4)年11月20日
光達距離	5.5海里(約10km)
塔高/灯高	17m/16m
構造材質	コンクリート造
光度	110カンデラ
レンズ	LED灯器(Ⅲ型)
訪問日	2018/4/8

海抜0の最前線から海行く人々に寄り添う

渥美半島の先端から伊良湖水道にのぞむ、海水面ぎりぎりの位置に立つ白亜の灯台。伊勢湾に点在する島々、神島・答志島・菅島までが視界に入る。伊勢湾にはたくさんの船舶が往来するため、海上交通全体の主たる管理は灯台の背後に立つ伊勢湾海上交通センターが実施する。伊良湖と鳥羽を結ぶ伊勢湾フェリーから目の前に青い海と空が広がる。

〜名も知らぬ遠き島より流れ寄る椰子の実一つ〜島崎藤村作詞「椰子の実」で有名な恋路ヶ浜。2020(令和2)年のNHK朝ドラ「エール」にも登場。「恋人の聖地」に認定、日本の渚100選の一つ。

伊良湖岬の西約 3.5km に位置する神島は、三重県に属し鳥羽港からは 14km の距離。三島由紀夫の『潮騒』の舞台で有名。

1929(昭和 4)年の初点灯から90年超経ち、海上交通の安全に関わる役割の多くは背後に立つ伊勢湾海上交通センターに譲ったが、海を見守るシンボルとして今も海行く人々に寄り添い続ける。伊良湖岬灯台から伊勢湾海上交通センターへ、アナログの灯台からデジタルの施設に主役の交代を見てとれる光景である。

61

野間埼灯台

のまさきとうだい

愛知県知多郡美浜町

通じ合う二人の絆を鐘や錠前に託すロマンスの灯台

航路標識	2632［M6144］
初点灯日	1921(大正10)年3月1日
光達距離	8.0海里(約15km)
塔高/灯高	18m/20m
構造材質	コンクリート造
光度	590カンデラ
レンズ	LED灯器(V型)
訪問日	2021/4/13

知多半島美浜町西部(旧野間町)に立ち、中部国際空港セントレアから離発着する航空機も真上に見える。伊勢湾に沈む夕日、海抜0の地点から海に向かってスラリと構えた美しい立ち姿に、いつの頃からか「この灯台を訪れ南京錠を掛けると恋がかなう」という説が広まり、灯台を囲う柵が数多の鍵の重みで倒壊したこともあったと伝え聞く。鹿児島県最西端の野間半島に同名称の「薩摩野間岬灯台」がある。

恋人たちの聖地として有名とはいうものの、訪れた日はあいにくの天候で、誰一人おらず閑散としていた。あまりの強風で、「絆の鐘」が自然と鳴ってしまうのではというほど、男一人のわびしい時間であった。

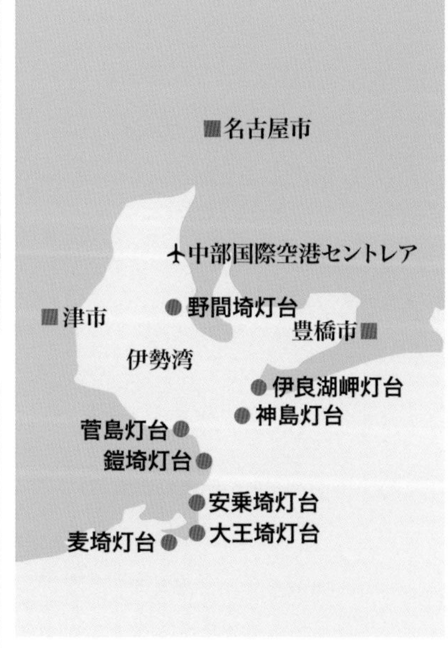

伊勢湾伊良湖水道を照らす灯台８基

同名称の灯台

野間岬灯台（愛知県）	薩摩野間岬灯台（鹿児島県）
鞍埼灯台（宮崎県）	能登鞍埼灯台（石川県）
観音埼灯台（神奈川県）	能登観音埼灯台（石川県）
出雲日御碕灯台（島根県）	紀伊日ノ御埼灯台（和歌山県）
長崎鼻灯台（鹿児島県長島町）	薩摩長崎鼻灯台（鹿児島県指宿市）

北陸・東海

62 **重要文化財**

菅島灯台

すがしまとうだい

三重県鳥羽市

航路標識	2750［M6048］
初点灯日	1873(明治6)年7月1日
光達距離	7.5海里(約14km)
塔高/灯高	11m/55m
構造材質	レンガ造
実効光度	390カンデラ
レンズ	LED灯器(V型)
訪問日	2020/8/1

日本最古のレンガ造り灯台 国の重要文化財に指定

菅島周辺の海域は岩礁が多く、古くから多くの船が難破するのを目のあたりにして、江戸時代の1673年にかがり火を焚いて目印とする「御篝堂（おかがりどう）」が造られた。明治に入り、日本最初の公設灯台として菅島灯台が建てられ、竣工式には西郷隆盛など政府高官らが列席したと記されている。2022(令和4)年、国の重要文化財に指定。

歴史的価値が極めて高く、産業の近代化に貢献した建造物や機械に与えられる「近代化産業遺産」にも認定されている。

‖63

安乗埼灯台

あのりさきとうだい

三重県志摩市

数少ない四角形の塔 歴史は古く北前船風待ち港灯台

航路標識	2769［M6042］
初点灯日	1873(明治6)年4月1日
光達距離	16.5海里(約31km)
塔高/灯高	15m/35m
構造材質	コンクリート造
実効光度	380,000カンデラ
レンズ	LU-M型灯器
訪問日	2020/8/1

1911(明治44)年にこの海域で沈没した駆逐艦「春雨」の慰霊碑。

安乗埼灯台の立つ安乗崎は昔から大王崎、鎧崎と並び「志摩三崎」として知られる海の難所で、灯台の歴史は古く、始まりは江戸時代の灯明台にさかのぼる。その後1873(明治6)年、ブラントンにより木造八角形の洋式灯台が建てられ、1948(昭和23)年に現在の四角い姿となる。真っ青な空、緑鮮やかな岬に白い四角柱の塔の堂々と立つ光景は、優美荘厳に満ちあふれている。

64

大王埼灯台

だいおうさきとうだい

三重県志摩市

海難事故が絶たない荒波の地「波切大王」に立つ

航路標識	2781［M6036］
初点灯日	1927(昭和2)年10月5日
光達距離	白18.5/赤17.5海里
塔高/灯高	23m/46m
構造材質	コンクリート造
光度	白250,000/赤47,000カンデラ
レンズ	LU-M型灯器
訪問日	2020/8/1

安乗崎の20km南にある大王崎、志摩半島の東南端にあり、遠州灘と熊野灘の荒波が分かつ難所として知られる。灯台が建設されたのは安乗埼灯台に遅れること半世紀余り1927(昭和2)年。「伊勢の神崎・国崎の鎧・波切の大王なけりゃよい」とうたわれたほどにこの海域には険礁、暗岩が散在する。1918(大正7)年、巡洋艦「音羽」が沈没、多くの犠牲者を出した大王崎。

灯台のある大王崎の西側にある「宝門（ほうもん）の浜」は、昔から多くの画家に好まれてきた絶景スポット。

65

麦埼灯台

むぎさきとうだい

三重県志摩市

沖合に響く“海女の磯笛” 灯台は優しく寄り添う

航路標識	2785［M6034.2］
初点灯日	1975(昭和50)年12月10日
光達距離	8.0海里(約15km)
塔高/灯高	16m/28m
構造材質	コンクリート造
実効光度	590カンデラ
レンズ	LED灯器(V型)
訪問日	2020/8/1

志摩半島最南端片田岬から、日本でも有数の難所「布施田水道」を望む。

伊勢志摩の海域は、古くから海女(あま)漁が盛ん。海女は潜水から浮上すると、息継ぎのめに口笛に似た声を発する。この哀調を帯びた声は「海女の磯笛」といわれ、大険礁群が数 km 続くこの海域で多発した水難事故で亡くなった海女をしのんでいるようにも聞こえる。環境省指定の「残したい日本の音風景 100 選」に選出されている。

北陸・東海

近畿・中国・四国

78 美保関灯台
余部埼灯台 67
66 経ヶ岬灯台
出雲日御碕灯台 77
68 江埼灯台
高根島灯台 74
73 大浜埼灯台
69 旧堺灯台
角島灯台 76
79 男木島灯台
75 六連島灯台
80 鍋島灯台
71 紀伊日ノ御埼灯台
蒲生田岬灯台 85
81 佐田岬灯台
室戸岬灯台 84
72 樫野埼灯台
70 潮岬灯台
82 足摺岬灯台
83 叶埼灯台

66 重要文化財

経ケ岬灯台

きょうがみさきとうだい

京都府京丹後市

航路標識	0998 [M7270]
初点灯日	1898(明治31)年12月25日
光達距離	22.0海里(約41km)
塔高/灯高	12m/148m
構造材質	石造
実効光度	280,000カンデラ
レンズ	第1等フレネル式
訪問日	2021/4/21

シベリア復員兵を迎えた灯台 国内最大レンズを装備

日本海に向けてせり出した丹後半島の突端、海抜148mの断崖に立つ。初点灯は1898(明治31)年。日清戦争後の大陸に向けた軍備増強の機運を受け、航路の整備拡充のため造られた。第二次世界大戦終戦後には舞鶴港へ向かう復員船が最初に見た祖国日本の灯りとなった。日本を代表する灯台として、犬吠埼灯台、室戸岬灯台と並ぶ日本三大灯台に数えられる。2022(令和4)年、国の重要文化財に指定。

映画「新 喜びも悲しみも幾歳月」(1986年)に登場する主な灯台

①	経ケ岬灯台	京都府
②	石廊埼灯台	静岡県
③	八丈島灯台	東京都
④	尻屋埼灯台	青森県
⑤	恵山岬灯台	北海道
⑥	水ノ子島灯台	大分県
⑦	部埼灯台	福岡県
⑧	矢越岬灯台	北海道

灯台守夫婦の歩みを描いた大ヒット作を木下恵介監督自らがリメイクした作品「新・喜びも悲しみも幾歳月」で、最初に登場するのが経ケ岬灯台。

灯台を形作る白色の石材は140m下の海岸切り出し地からこの高所まで運ばれ、2年余の歳月をかけようやく完成した。

日本に５基しかない第１等レンズを備え、なかでも経ケ岬灯台のものは高さ 2.59m と最大の大きさを誇る。またレンズを水銀槽に浮かべて回転させる装置「水銀槽式回転機械」により、重量５トンものレンズを回転させている。

敷地内には、かつて使われた官舎１棟、事務所１棟がある。日没から日の出まで灯火するために、看守長１名、看守３名、小使１名がこの任にあたったという。

67

余部埼灯台

あまるべさきとうだい

兵庫県美方郡香美町

航路標識	0963［M7283.5］
初点灯日	1951(昭和26)年3月25日
光達距離	23.0海里(約43km)
塔高/灯高	14m/284m
構造材質	コンクリート造
実効光度	440,000カンデラ
レンズ	第3等大型フレネル式
訪問日	2021/4/21

海抜284m 日本で一番高いところに立つ

日本一高い標高 284 mの伊笹岬（余部崎）頂上に立つ。近くには日本一高い地上 40m の余部橋梁を JR が走る。岬の高台まで車でアクセスでき、灯台から見渡す日本海の眺望は絶景。地元では「御崎の灯台」と呼ばれている。灯台のある伊笹岬は、1185 年の壇ノ浦の戦いで敗れた平教盛らが逃れてきたといわれる平家伝説の里として知られる。

68 **重要文化財**

江埼灯台

えさきとうだい

兵庫県淡路市

航路標識	3801［M5796］
初点灯日	1871（明治4）年6月14日
光達距離	白18.5/赤16.0海里
塔高/灯高	8m/49m
構造材質	石造
光度	白62,000/赤24,000カンデラ
レンズ	第3等大型フレネル式
訪問日	2022/9/10

阪神・淡路大震災を乗り越えた国策灯台の草分け

阪神淡路大震災 1995(平成 7)年の震源近くに立つ石造りの堅固な灯台。大坂条約灯台第 1 号として 1871(明治 4)年初点灯。震災で一部破損したものの灯台本体は 150 年を経過した今も当時のままの姿を見せている。明石海峡大橋を望み、大阪港、神戸港に近く、灯台として最高のロケーションを保持している。2022(令和 4)年、国の重要文化財に指定された。

右手には 1998（平成 10）年開通の明石海峡大橋。全長 3,911m、中央支間 1,991m は当時の世界最長の吊橋。

69

旧堺灯台

きゅうさかいとうだい

大阪府堺市

日本最古の木造洋式灯台 堺市のシンボル

航路標識	―
初点灯日	1877(明治10)年9月15日
光達距離	10浬(約39km)
塔高/灯高	16m
構造材質	木造
光度	―
レンズ	不動無等級レンズ
訪問日	2023/7/6

境旧港に 1877(明治 10)年建築の木造洋式灯台。1 世紀にわたり大阪湾を照らし続け、1968(昭和 43)年にその使命を終えた。大阪湾の埋め立てにより灯台の周辺は高速道路・工場倉庫等が建設され、昔の面影はないが、所在地は変わっていない。フランスの機器と英国の技術施工によって建てられた、当時では最高レベルの灯台であった。

70

潮岬灯台

しおのみさきとうだい

和歌山県東牟婁郡串本町

日本最初の洋式木造灯台 今は石造りの頑丈な塔

航路標識	2902 [M5994]
初点灯日	1873(明治6)年9月15日
光達距離	19.0海里(約35km)
塔高/灯高	23m/49m
構造材質	石造
実効光度	970,000カンデラ
レンズ	LB-H120型灯器
訪問日	2018/4/9

樫野埼灯台とともに明治初期に造られた灯台。当初は八角形の木造であったが、数年後に現在の石造りに改築、今日に至っている。この地は海上交通の要衝である一方、沖合は黒潮の流れが速く、また日本有数の「台風銀座」でもあることから、堅固な灯台建設が急がれた。江戸条約８基の一つ。

71

紀伊日ノ御埼灯台

きいひのみさきとうだい

和歌山県日高郡日高町

航路標識	3301［M5970］
初点灯日	1895(明治28)年1月25日
光達距離	21.5海里(約40km)
塔高/灯高	17m/128m
構造材質	コンクリート造
実効光度	220,000カンデラ
レンズ	LU-M型灯器
訪問日	2022/11/4

3代で1世紀にわたり紀伊水道のみちしるべ

紀伊半島最西端、日ノ御埼に立つ白亜の大型灯台。現在の塔は2017(平成29)年に再建された3代目。30km先の四国最東端蒲生田(かもだ)岬との間を通る航路「紀伊水道」のみちしるべとして、1世紀以上その役を果たしてきた。蒲生田岬灯台と結ぶラインが太平洋と瀬戸内海の分岐海域となっている。

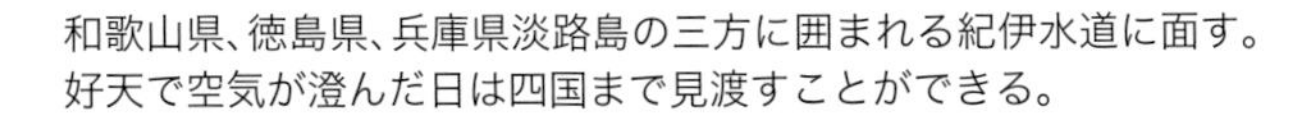
和歌山県、徳島県、兵庫県淡路島の三方に囲まれる紀伊水道に面す。
好天で空気が澄んだ日は四国まで見渡すことができる。

72

樫野埼灯台

かしのさきとうだい

和歌山県東牟婁郡串本町

日本最古の石造り灯台 トルコ共和国との友好の絆

航路標識	2889［M5998］
初点灯日	1870(明治3)年7月8日
光達距離	18.5海里(約34km)
塔高/灯高	15m/47m
構造材質	上部コンクリート造、下部石造
実効光度	440,000カンデラ
レンズ	第2等フレネル式
訪問日	2018/4/10

1870(明治3)年に初点灯の日本最古の石造灯台。設計は日本灯台の父、イギリス人技師のブラントン。樫野崎は1890(明治23)年トルコ軍艦エルトゥールル号が遭難、500 名以上の犠牲者を出した地でも知られる。今もトルコ駐日大使は着任すれば慰霊のために真っ先に串本町を訪れ、地元の人々と交流を続けている。

当時の面影を残す石造平屋建の旧官舎も隣接。近くには記念館や遭難慰霊碑、トルコの土産物店がある。

73

大浜埼灯台

おおはまさきとうだい

広島県尾道市

三原瀬戸航路を支えた9灯台の一つ

航路標識	4468［M5724］
初点灯日	1894(明治27)年5月15日
光達距離	12.0海里(約22km)
塔高/灯高	9m/18m
構造材質	石造
光度	4,300カンデラ
レンズ	300ミリ
訪問日	2022/11/3

瀬戸内海の因島と向島をはさむ「布刈（めかり）瀬戸」の航行を明治時代から守ってきた大浜埼灯台。瀬戸内海航路としては、四国に近い来島海峡を通るのが今は一般的だが、こちらは潮流が速い難所であるため、より安全に航行できる布刈瀬戸を含めた「三原瀬戸航路」上に整備された灯台の一つである。

海抜9m、灯高18mに石造りのどっしりとした構えの灯台。狭い海峡の近場を航行する船舶を案内する目的のためとされる。

灯台の傍らに1910(明治43)年に建築された大浜埼船舶通航潮流信号所。1954(昭和29)年に廃止され、現在は灯台記念館として残されている貴重なレガシー。広島県指定重要文化財に選定。

布刈瀬戸を望む大浜崎灯台。布刈瀬戸は、中世から近世にかけては村上海賊が城を築き、航行を掌握していたという。

74

高根島灯台

こうねしまとうだい

広島県尾道市

全国で最も低い塔高5m 灯台らしからぬ灯台

航路標識	4477［M5714］
初点灯日	1894(明治27)年5月15日
光達距離	8.0海里(約15km)
塔高/灯高	5m/45m
構造材質	石造
光度	590カンデラ
レンズ	LED灯器(V型)
訪問日	2022/11/3

みかん栽培が盛んな高根島に位置する。そのため生口島との間にかかる高根大橋もオレンジ色をしている。大浜埼灯台と同様、こちらの灯台も三原瀬戸航路を航行する船舶を支えるために建造された。日本灯台50選の一つ。灯台らしからぬ構造物だが、むしろそのたたずまいが選定理由かもしれない。

75 重要文化財

六連島灯台

むつれしまとうだい

山口県下関市

明治天皇と西郷隆盛が点灯式に参列した唯一の灯台

航路標識	5537［M5334］
初点灯日	1872(明治5)年1月1日
光達距離	12.0海里(約22km)
塔高/灯高	11m/28m
構造材質	石造
実効光度	3,700カンデラ
レンズ	高光度LED灯器
訪問日	2020/12/1

大坂条約で建設された5灯台の一つ。下関沖に浮かぶ周囲4km弱の六連島に立つ山口県最古の灯台、1872(明治5)年の初点灯。1873年、明治天皇が西郷隆盛らを従え点灯式に行幸されたと刻されている。建替、改修されることなく明治初期建設当時の面影を今に残す。角島灯台と時を同じく2020(令和2)年10月、国の重要文化財に指定。

六連島へは下関駅付近の船着き場から「六連丸」に乗船し20分ほど。

76 重要文化財

角島灯台

つのしまとうだい

山口県下関市

航路標識	0715［M7397］
初点灯日	1876(明治9)年3月1日
光達距離	18.5海里(約34km)
塔高/灯高	30m/45m
構造材質	石造
実効光度	670,000カンデラ
レンズ	第1等フレネル式
訪問日	2020/12/1

総御影石造り無塗装灯台 灯台美では日本一を競う

灯台の父と呼ばれたリチャード・ブラントンが日本で設計した最後の灯台である。灯塔には荒磨きした花崗岩(御影石)を積み上げ、その上部には切り込み装飾の入った塔頭を冠している。地元の良質な石と石工技師と技術の結晶ともいえるブラントンの最高傑作灯台として名を残している。2020(令和2)年、国の重要文化財に指定された。

コバルトブルーの海の中を一直線に伸びる角島大橋は全長1780m、2000(平成12)年完成。船で渡っていた島へ車、徒歩でも行けるようになり、一躍人気観光スポットに。南国の島のような青い海と白い砂浜、欧州の古城を彷彿とさせる灯台。角島大橋の完成は、島の生活と景観を一変させた。

77 重要文化財

出雲日御碕灯台

いずもひのみさきとうだい

島根県出雲市

航路標識	0821［M7334］
初点灯日	1903(明治36)年4月1日
光達距離	21.0海里(約39km)
塔高/灯高	44m/63m
構造材質	石造
実効光度	480,000カンデラ
レンズ	第1等フレネル式
訪問日	2017/9/7

日本で一番高い44mの灯台 世界灯台100選の一つ

島根半島西端、日本海の荒波が洗う断崖に立つ。外壁は地場産の硬質な森山石を使った石造り・内壁はレンガ造りという組積造りによる異種二重殻構造が採用され、地震国日本に対し独自に開発されたものと高く評価されている。洋式灯台ではあるが、すべて日本人の手によって施工された純国産灯台。2022(平成4)年、国の重要文化財に指定。

灯台頂上部まで163段の螺旋階段を昇る。国内で2番目に高い稚内灯台との差はわずか1m弱である。当日は雨に見舞われ、44mの塔もぼやける。

日御碕は火山岩の一種の流紋山が沈降して海に浸かり、波に侵食された後にわずかに隆起した独特の景観を形作っている。周辺の柱状岩や洞穴、小島はこうした自然現象によりできたものであるが、これらの岩礁を利用して造られた階段や参道などの祭祀遺構が海底に眠っている。神話の国出雲ならではの地に日本一高い出雲日御碕灯台は立つ。

78 重要文化財

美保関灯台

みほのせきとうだい

島根県松江市

美保関の美保関による美保関のための灯り

航路標識	0848［M7316］
初点灯日	1898(明治31)年11月20日
光達距離	23.5海里(約45km)
塔高/灯高	14.0m/83.0m
構造材質	石造
実効光度	490,000カンデラ
レンズ	LB-M60型灯器
訪問日	2023/4/13

美保関灯台は島根半島東端の地蔵岬灯台が1935(昭和10)年に名称を変更した。出雲日御碕灯台よりも5年早い1898(明治31)年に地蔵岬灯台として初点灯。今もって明治の姿を残し、山陰最古の歴史を誇る。2022(令和4)年2月、国の重要文化財に指定。世界灯台100選にも選定されている。姿変わらず、人と地域の明日を照らす美保関灯台。

灯台ビュッフェの建物入口に「祝　美保関灯台重要文化財指定　令和4年(2022)2月9日」の表示が掲げられている。

灯台に隣接したエキゾチックな建物はかつて灯台職員の事務所・宿舎であった。現在は目の前に広がる雄大な日本海を一望できる「灯台ビュッフェ」に改装されている。

海抜 73m、美しい断崖景観の地蔵崎に立つ。晴れた澄んだ日には 50km 先の隠岐島が見える。

79

男木島灯台

おぎしまとうだい

香川県高松市

総御影石造りの無塗装灯台 純国産の自然美を誇る

航路標識	4067［M5538］
初点灯日	1895(明治28)年12月10日
光達距離	12.5海里(約23km)
塔高/灯高	14m/16m
構造材質	石造
実効光度	100,000カンデラ
レンズ	LB-M30型灯器
訪問日	2019/10/19

角島灯台と共に日本に２基しかない総御影石造りの無塗装灯台だが、ブラントン設計の角島灯台とは異なり、こちらは設計から建設までメイド・イン・ジャパン。初点灯から130年近く、明石海峡に次いで全国第２位の交通量を誇る「備讃瀬戸東航路」を見守り続けている。

男木島へは高松港からフェリーで40分。男木港から灯台まで集落を抜けて約2km、30分。男木港近くの民家を改装した図書館が話題になっている。

80 **重要文化財**

鍋島灯台

なべしまとうだい

香川県坂出市

瀬戸内海最古の灯台 赤信号の役割をする停泊灯台

航路標識	4202［M5533］
初点灯日	1872(明治5)年11月15日
光達距離	緑11.0/赤15.5海里
塔高/灯高	10m/29m
構造材質	石造
光度	緑3,200/赤5,200カンデラ
レンズ	第4等フレネル式
訪問日	2022/11/3

700以上の島々が密集する瀬戸内海に設置された灯台の中で、鍋島灯台は初点灯から150年と最古参。本来灯台は夜間の安全航行を図るためのものだが、この鍋島灯台と松山市の釣島灯台は建設当初は船舶の停泊信号として使われた。いわば赤信号の灯台で交通量の多い瀬戸内海だけにしか見られない。2022(平成4)年12月国の重要文化財に指定。

与島(よしま)の南に浮かぶ鍋島に向かう橋はないが、防波堤でつながっており徒歩で渡ることが可能。

1988年竣工の北備讃瀬戸大橋。全長1,611mで、香川県坂出市与島と三つ子島の間に架かる。

81

佐田岬灯台

さだみさきとうだい

愛媛県西宇和郡伊方町

航路標識	4967［M5424］
初点灯日	1918(大正7)年4月1日
光達距離	18.5海里(約34km)
塔高/灯高	18m/46m
構造材質	コンクリート造
実効光度	250,000カンデラ
レンズ	第3等大型フレネル式
訪問日	2019/10/16

四国最西端 日本一細長い半島の突端に立つ灯台

長さ約 40km の日本一細長い半島の先にある佐田岬灯台。その佐田岬灯台が見守る先は海峡幅わずか 14km ほどの豊予(ほうよ)海峡である。対岸の大分市関埼(せきさき)灯台と共に潮流が速いことで有名な豊後(ぶんご)水道を 1 世紀以上見守り続けている。南九州大隅半島にある「佐多岬(さたみさき)灯台」と混同される。濁音のつく佐田岬灯台は四国八十八景の一つ。

半島の先の周囲を見渡す岩礁の上に立つ均整のとれた八角形の灯台。こうした立地から、太平洋戦争末期には豊予要塞の砲台が築かれた。この砲台は結果的に実践を経験せずに終戦となったが、もしこの地が戦火に見舞われたら、灯台も無事ではなかったかもしれない。

佐田岬灯台点灯 100 周年を記念して、2017(平成 29)年に御籠島展望所に設置されたモニュメント「永遠の灯」。

82

足摺岬灯台

あしずりみさきとうだい

高知県土佐清水市

ミシュランで二つ星を獲得した景勝地足摺岬に立つ

航路標識	3101［M5602］
初点灯日	1914(大正3)年4月1日
光達距離	20.5海里(約38km)
塔高/灯高	18m/61m
構造材質	コンクリート造
実効光度	460,000カンデラ
レンズ	LB-M90型灯器
訪問日	2019/10/17

四国最南端、高さ80mの断崖から眺める広がる太平洋の大パノラマは、地球の丸さを感じることができる。旅行ガイドブック『ミシュラン・グリーンガイド・ジャポン』で二つ星を獲得した景勝の地。1914(大正3)年初点灯。当初は八角形のコンクリート造り、1960(昭和35)年に現在の形に改築された。上皇陛下が皇太子時代に訪問された灯台。

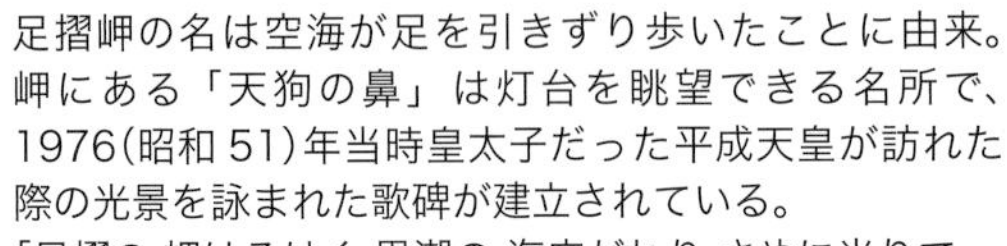

足摺岬の名は空海が足を引きずり歩いたことに由来。岬にある「天狗の鼻」は灯台を眺望できる名所で、1976(昭和51)年当時皇太子だった平成天皇が訪れた際の光景を詠まれた歌碑が建立されている。
「足摺の 岬はるけく 黒潮の 海広がれり さやに光りて」

四国最南端の足摺岬。看板の後ろに見えるのが中浜万次郎（ジョン万次郎）の銅像。足摺岬沖から伊豆諸島の鳥島に漂流し、百数十日生き延びたあと、アメリカの捕鯨船に救助された伝説の偉人。

83

叶埼灯台

かなえざきとうだい

高知県土佐清水市

航路標識	3110［M5608］
初点灯日	1911（明治44）年8月26日
光達距離	12.0海里（約22km）
塔高/灯高	8m/41m
構造材質	レンガ造
実効光度	3,700カンデラ
レンズ	高光度LED灯台
訪問日	2019/10/17

足摺岬より先行して点灯 地元に愛される灯台

叶埼灯台は、世界的に名の知れた足摺岬灯台の西方約20kmの場所に所在し、「西の足摺岬灯台」ともいわれる。足摺岬灯台より3年早く1911(明治44)年初点灯。「叶崎海岸を見ずして土佐風景を見たとはいえない」「叶崎に来ると恋が叶う」などジンクスのあるスポット。岩礁に波が砕け散る様は東洋の滋味あふれる光景を見せてくれる。

国道321号線「足摺サニーロード」沿いに俳人・河東碧梧桐(かわひがし・へきごとう)の句碑があり、600mの海岸美の先端に叶埼灯台が見える。

国道321号線の叶崎黒潮展望台からの眺め。「叶崎海岸を見ずして土佐風景を見たとはいえない」ともいわれる景勝地。

84

室戸岬灯台

むろとざきとうだい

高知県室戸市

日本灯台の3冠を保持する灯台の雄

航路標識	3027 [M5586]
初点灯日	1899(明治32)年4月1日
光達距離	26.5海里(約49km)
塔高/灯高	15m/155m
構造材質	鉄造
実効光度	1,600,000カンデラ
レンズ	第1等フレネル式
訪問日	2019/10/18

日本に5基しかない第1等フレネル式レンズを備えた灯台。塔高は15m程だが、室戸岬付近の140mの高台に立ち160万カンデラの灯を太平洋はるか先の大海原に放っている。

1899(明治32)年の初点灯から120年あまりの歴史を持つ、日本で2番目に古い鉄造灯台である(最古は佐渡の姫埼灯台)。その間、1934(昭和9)年の室戸台風、1946(昭和21)年の南海地震でレンズが破損、また1945(昭和20)年にはアメリカ軍の機銃掃射の危機を乗り越えてきた。なんともタフで頑強な灯台。

室戸岬灯台が誇るハードパワー日本一の3冠を有す。
① 光達距離……26.5海里(約49km)
② 光度照度……160万カンデラ
③ レンズサイズ……直径260cm

室戸岬は空海修行の地「室戸三山」の一つ第24番札所「最御崎寺」がある。分岐点でお寺へ向かう人が多く、灯台へ向かったのは私だけであった。

85

蒲生田岬灯台

かもだみさきとうだい

徳島県阿南市

航路標識	3403［M5577］
初点灯日	1924(大正13)年10月1日
光達距離	5.0海里(約9km)
塔高/灯高	12m/50m
構造材質	コンクリート造
光度	78カンデラ
レンズ	LED灯器(Ⅲ型)
訪問日	2022/9/10

四角い窓が広角レンズ 四国東端で紀伊水道を守る

徳島県阿南市の蒲生田岬に立つ四国最東端の灯台。塔の上にポツンとのっかっているのが灯台の「灯」の部分で、長方形の窓が沖合の岩礁「シリカ碆(ばえ)」を照らす照射灯。この岬から見る日の出は「だるま朝日」と称され、全国有数の初日の出スポットとなっている。蒲生田岬と東側の紀伊日ノ御埼灯台を結ぶラインが瀬戸内海と太平洋の境界線とされる。

観光振興のため、地元の俳句界のメンバーによって設置された句碑。近くにハート型モニュメント「波の詩」も設置され、観光スポットとして灯台をサポート。

灯台へは岬の小高い山の急階段を登る。沖合 4km に浮かぶ伊島との間には岩礁が多数あり、昔から多くの船の安全を脅かしてきた。そのため、レンズから放つ灯火とともに四角形の窓から光を放って岩礁を照らし出す照射灯が設けられた。

九州・沖縄

- ㊱部埼灯台
- ㊲大碆鼻灯台
- ㊳伊王島灯台
- ㊴樺島灯台
- ㊵関埼灯台
- ㊶細島灯台
- ㊷鞍埼灯台
- ㊸都井岬灯台
- ㊹薩摩長崎鼻灯台
- ㊺佐多岬灯台
- ㊻残波岬灯台
- ㊼辺戸岬灯台
- ㊽喜屋武埼灯台
- ㊾石垣御神埼灯台
- ⑩⓪平久保埼灯台

86部埼灯台
87大碆鼻灯台
90関埼灯台
88伊王島灯台
89樺島灯台
91細島灯台
92鞍埼灯台
93都井岬灯台
薩摩長崎鼻灯台94
95佐多岬灯台
97辺戸岬灯台
残波岬灯台96
98喜屋武埼灯台
平久保埼灯台100
99石垣御神埼灯台

86 重要文化財

部埼灯台

へさきとうだい

福岡県北九州市

航路標識	5409［M5312］
初点灯日	1872(明治5)年3月1日
光達距離	不動10.5/閃17.5海里
塔高/灯高	9.7m/39.0m
構造材質	石造
光度	不動2,200/閃310,000カンデラ
レンズ	第3等小型フレネル式
訪問日	2020/12/1

日本の航路近代遺産を今に伝承する灯台

瀬戸内海北西部の周防灘に面した丘の上に立ち、関門海峡を行き交う船を150年にわたり見守ってきた。日本灯台の父ブラントン設計による石造りの灯台。2020(令和2)年、国の重要文化財に指定された。瀬戸内海北西部の周防灘に面した丘の上に立ち、関門海峡を行き交う船を150年にわたり見守ってきた。日本灯台の父ブラントン設計による石造りの灯台。2020(令和2)年、国の重要文化財に指定された。辺埼山(旧称)で僧の清虚が1836(天保7)年から13年間、毎晩関門海峡に向けて火を灯し続けたことが今日の灯台につながっている。

見通しが悪く潮流が速い関門海峡の流れを記号で示す電光掲示板が背後の部埼潮流信号所に併設されている。建設当時と変わらず、今に伝わる歴史遺産。

87

大碆鼻灯台

おおばえはなとうだい

長崎県平戸市

本土最西端 東シナ海360度のパノラマは圧巻

航路標識	6209［M5239.5］
初点灯日	1958(昭和33)年1月25日
光達距離	12.5海里(約23km)
塔高/灯高	11m/101m
構造材質	コンクリート造
光度	5,600カンデラ
レンズ	高光度LED灯器
訪問日	2022/2/2

九州本土から平戸大橋、生月大橋を経て生月島へ。その最北端に位置する大碆鼻灯台。一風変わった名称だが、「碆(ばえ)」とは、海に突き出たなだらかな場所のことを指す。写真にもあるように「鼻」を省略した「大バエ灯台」の呼び方が一般的。灯台としては珍しく塔基に展望所があり、東シナ海を一望する360度の大パノラマの光景が広がる。

周辺一帯はハマユウの群生地で、香りのある白色の花を咲かせる8月には多くの人で賑わう。

88

伊王島灯台

いおうしまとうだい

長崎県長崎市

六角形の鉄筋塔基は日本唯一 オランダ技術を反映

航路標識	6330［M5194］
初点灯日	1871(明治4)年9月14日
光達距離	20.5海里(約38km)
塔高/灯高	11m/64m
構造材質	コンクリート造
実効光度	150,000カンデラ
レンズ	第4等フレネル式
訪問日	2022/2/1

1866年に米英仏蘭と結んだ江戸条約灯台の一つ、鉄造の灯台として仮点灯の翌1871(明治4)年に本点灯、その歴史は古い。しかし長崎への原爆投下により大きく損傷、解体された。終戦後に改築され、特徴的な六角形のフォルムは往時の姿を復元している。灯台周辺は伊王島灯台公園として整備され、灯台記念館や「岬カフェ」が併設。訪れた当日はセルフサービスの異国風コーヒーで温まることができた。

灯台守宿舎であった伊王島灯台旧吏員退息所(りいんたいそくしょ)。

‖89

樺島灯台

かばしまとうだい

長崎県長崎市

航路標識	6352 [M5190]
初点灯日	1932(昭和7)年7月1日
光達距離	23.0海里(約43km)
塔高/灯高	15m/126m
構造材質	コンクリート造
実効光度	410,000カンデラ
レンズ	第3等大型フレネル式
訪 問 日	2022/2/1

長崎半島唯一の大型灯台 母体は野母埼灯台

1932(昭和7)年初点灯の90年の歴史を誇る大型灯台である。かつては半島名から「野母崎灯台」と呼ばれ、地元の人からは今でもこの名で親しまれている。1971(昭和46)年に無人化されてから50年以上経つが、周囲の方々の行き届いた手入れのおかげで灯台、資料館ともにきれいに整備されていた。

灯台までの道が狭くアクセスにやや難があるものの、資料館や公園はよく整備されている。灯台の先にある展望台からの眺望は格別。

‖90

関埼灯台

せきさきとうだい

大分県大分市

狭い豊予海峡14km 伊予佐田岬灯台と向き合う

航路標識	4979［M4946］
初点灯日	1901（明治34）年7月20日
光達距離	12.5海里（約23km）
塔高/灯高	11m/70m
構造材質	鉄造
光度	5,600カンデラ
レンズ	高光度LED灯器
訪問日	2021/11/2

瀬戸内海と太平洋をつなぐ豊予海峡を通過する船舶の安全な航行のため、対岸の愛媛県の佐田岬灯台とともに海峡に灯を放つ。領海法で、この両灯台を結ぶ線より北を瀬戸内海と規定。点灯当初から第４等フレネルレンズが用いられてきたが、10数年前に高光度LED灯器に交換された。

佐賀関半島と愛媛県佐田岬半島に挟まれた豊予海峡は、潮流が速く、高級魚「関あじ」「関さば」で名が知れている。

‖91

細島灯台

ほそしまとうだい

宮崎県日向市

宋明時代の貿易港が発祥 地元青年汗と努力の結晶

航路標識	6748［M4896］
初点灯日	1910(明治43)年5月10日
光達距離	19.0海里(約35km)
塔高/灯高	11m/101m
構造材質	コンクリート造
実効光度	白76,000/緑83,000カンデラ
レンズ	LED回転型灯器(LRL-1 Ⅱ型)
訪問日	2021/11/1

日向(ひゅうが)岬突端に位置する細島灯台の歴史は古く、江戸時代の参勤交代で使用された御座船を照らす常夜灯までさかのぼる。灯台としては、1901(明治34)年に県が赤レンガで建造し初点灯。国に移管された翌1941(昭和16)年にコンクリート造に改築されたが、戦時下で資金が足りず地元青年団の勤労奉仕により完成した灯台。

日向岬馬ヶ背から夕日の細島灯台。水森かおりご当地ソング「日向岬」に傷心の女性が夢をいだいて灯台へ歩いていくと歌われる。

‖92

鞍埼灯台

くらさきとうだい

宮崎県日南市

航路標識	6711［M4864］
初点灯日	1884(明治17)年8月15日
光達距離	21.5海里(約40km)
塔高/灯高	14m/93m
構造材質	コンクリート造
実効光度	210,000カンデラ
レンズ	第3等大型フレネル式
訪問日	2021/11/1

日本初の無筋コンクリート造り 唯一の塔基十二面

日本初の無筋コンコリート造りの灯台。台座部分が十二角形というのは鞍埼灯台だけ。日南市の目井津港から灯台のある大島まで連絡船で15分、港から灯台まで徒歩30分。前日泊まった宿の女将さんは目井津に住んで50年間、一度も訪れたことがないとのことだった。ちなみに、日本で最初の鉄筋コンクリート造りは静岡県清水灯台。

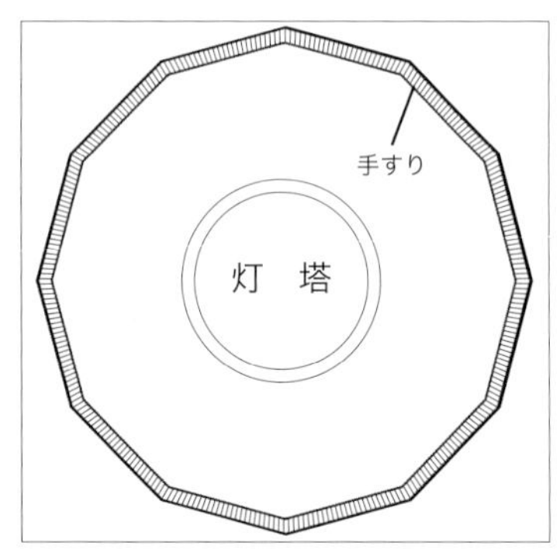

灯塔の台座部分は、四角・六角・八角が大半を占める中、珍しい12角形である。

灯台が位置する大島（日向大島）はかつて沿岸漁業で栄え、1950年代には300～400人の島民が生活をしていた。しかしその後過疎化が進み、2022年現在は無人島となっている。

‖93

都井岬灯台

とい みさき とうだい

宮崎県串間市

かつては東洋一の灯 300万カンデラを誇る

航路標識	6710 [M4860]
初点灯日	1929(昭和4)年12月22日
光達距離	23.5海里(約44km)
塔高/灯高	15m/256m
構造材質	コンクリート造
実効光度	530,000カンデラ
レンズ	第3等大型フレネル式
訪問日	2021/11/1

見るものを圧倒する巨大な目玉のごときレンズを備える都井岬灯台。戦前は300万燭光を誇る東洋一の灯台であった。周囲にはソテツが自生し、野生馬が悠然と闊歩する。日本在来馬の一種「御崎馬(みさきうま)」が生息することで知られ、国の天然記念物に指定されている。

94

薩摩長崎鼻灯台

さつまながさきはなとうだい

鹿児島県指宿市

鼻のつく灯台 鹿児島県には同名の灯台が南北に

航路標識	6610［M4819.5］
初点灯日	1957(昭和32)年12月20日
光達距離	12.0海里(約22km)
塔高/灯高	10m/21m
構造材質	コンクリート造
実効光度	3,700カンデラ
レンズ	高光度LED灯器
訪問日	2018/9/8

1957(昭和32)年に建設、灯台としては比較的新しい。風光明媚な観光地にふさわしいものにと特別に設計されたとのことで、フレネルレンズを収めた一般的な灯台のデザインとは異なり個性的な姿をしている。灯台に向かう路上の土産店では、建造当時に流行したご当地ソング「南国情話」(男女の別離の情景を歌ったもの)が流れていた。

見事な円錐形の山容から「薩摩富士」とも呼ばれる開聞岳(かいもんだけ)。この日は雲がかかり山頂までは眺めることができなかった。晴れた日には屋久島や硫黄島まで望むことができる。また、ウミガメの産卵地でもあり、この地から浦島太郎が竜宮へ旅立ったと伝えられる。

鹿児島県には南端の薩摩長崎鼻灯台と北部の長島町に長崎鼻灯台がある。一つの県に同名灯台が存在するのは珍しい。

‖95
佐多岬灯台
さたみさきとうだい

鹿児島県肝属郡南大隅町

航路標識	6701［M4836］
初点灯日	1871(明治4)年10月18日
光達距離	21.0海里(約39km)
塔高/灯高	13m/68m
構造材質	コンクリート造
実効光度	170,000カンデラ
レンズ	LB-M30型灯器
訪問日	2018/9/9

本土最南端佐田岬沖 大輪島の断崖頂に立つ

本土最南端、鹿児島県大隅半島の沖合50m先に浮かぶ大輪（おおわ）島の断崖に立つ白亜の灯台。1866年の米英仏蘭との江戸条約により建設が決まった8灯台の一つ。初代の灯台は大戦時の空襲で被害を受け、1950(昭和25)年に再建されて今の姿になった。日本灯台建設の父R・H・ブラントンの作。歴史事情、建設技術からもレガシー・オブ・灯台といえる。

佐多岬公園展望台から北西方向、かすかに遠く薩摩富士といわれる秀麗な開聞岳を見ることができる。

展望台にはちょうど灯台をのぞき見ることのできる北緯 31 度線のモニュメントがあり、「31 LINE SATA　本土最南端 佐多岬」と刻されている。

国際灯台として位置づけられる名誉ある灯台の一つ。よくぞこんな場所にと思うようなロケーションに立つ。九州本土最南端から大隅海峡を望むこの地、ブラントンは実地測量で灯台の必要性を切実に感じたであろうと当時を推察した。

‖96

残波岬灯台

ざんぱみさきとうだい

沖縄県中頭郡読谷村

航路標識	7101［M4740.3］
初点灯日	1974(昭和49)年3月30日
光達距離	18.0海里(約33km)
塔高/灯高	31m/44m
構造材質	コンクリート造
実効光度	640,000カンデラ
レンズ	LU-M型灯器
訪問日	2021/1/26

夕日の中を軍用機が横切る 沖縄本島最大の塔

残波岬灯台は海抜11mの断崖絶壁の上に立つ30mの白亜の塔。沖縄本島を訪れたなら灯台好きでなくとも、ぜひ訪れたい場所の一つ。高さ60mからの眺望は言わずもがな、正面に見る東シナ海の夕暮れ、ゆっくりと太陽が沈んでいく様は見とれるほどの素晴らしい沖縄の夕日と灯台。

近くに嘉手納(かでな)基地があり、黒い軍用機が白い灯台の背後を横切っていく光景は、沖縄の灯台を目の当たりにした思いであった。

東シナ海の見晴らしが良く、遠く粟国島、渡名喜島、久米島などを望むこともできる。夕日も見事。

‖97

辺戸岬灯台

へどみさきとうだい

沖縄県国頭郡国頭村

沖縄本島最北端の岬 草木に囲まれひっそりと立つ

航路標識	6983［M4763］
初点灯日	不明
光達距離	12.0海里（約22km）
塔高/灯高	11m/71m
構造材質	コンクリート造
実効光度	3,700カンデラ
レンズ	高光度LED灯器
訪問日	2021/1/27

沖縄本島中心部から北へ100km余り、辺戸岬の突端には沖縄の祖国復帰闘争の記念碑が雄々しく立つ。かつて人々はこの地で集会を開き、夜にはかがり火を焚いて祖国復帰を願った。目的の灯台は畑の小道を抜けた先、岬から離れた草木の生い茂る一画にひっそりと佇んでいた。辺りを何回も行き来して、やっとの思いで探し当てた灯台。沖縄の最北端まで来ていながら灯台を見ないで帰ることはどうしても避けたいとの思いであった。

岬に立つ祖国復帰闘争碑。岩肌にへばりつくようにテリハクサトベラが一面に生い茂る。22km先は鹿児島県与論島。

九州・沖縄

98

喜屋武埼灯台

きゃんさきとうだい

沖縄県糸満市

米軍沖縄上陸の岬 戦禍を色濃く残す荒崎海岸に立つ

航路標識	7054［M4748］
初点灯日	1972(昭和47)年6月22日
光達距離	18.5海里(約34km)
塔高/灯高	15m/47m
構造材質	コンクリート造
実効光度	280,000カンデラ
レンズ	LU-M型灯器
訪問日	2021/1/25

太平洋戦争時に米軍が最初に上陸したのがこの喜屋武岬、当時は荒崎海岸と呼ばれた。米軍が急造した荒崎灯台は規模が小さく、光度も不十分であったため、遠くまで灯が届く強い光を放つ灯台をとの声が高まり、沖縄本土復帰の1972(昭和47)年に今日の大型灯台が完成した。

第二次大戦末期の沖縄戦で命を落とした兵士や住民を慰霊する「平和の塔」。

‖99

石垣御神埼灯台

いしがきおがんさきとうだい

沖縄県石垣市

日本最西端 八重山丸遭難の海をじっと見つめる

航路標識	7191［M4733］
初点灯日	1983(昭和58)年3月11日
光達距離	12.0海里(約22km)
塔高/灯高	17m/62m
構造材質	コンクリート造
実効光度	3,700カンデラ
レンズ	高光度LED灯器
訪問日	2022/5/12

石垣島西部、屋良部半島の突端に立つ御神埼灯台。1852(昭和27)年に沖合で起きた海難事故で多くの犠牲者を出したことが灯台建設へと繋がった。1983(昭和58)年初点灯と灯台としてはかなり新しい建設。本書内で訪問した灯台の中で最南端に位置し、北の稚内から南の石垣島まで日本一周1万5000kmの灯台巡礼……人生再発見の旅を終えた。

遠く西の海に夕陽が沈むのを眺める絶景のスポットとして人気が高い。強風にあおられないように手すりに頼って高台へ。

日本国最南端の灯台へたどり着いた。灯台訪問のしめくくりにふさわしい真白の石垣御神埼灯台。灯台をじっと見つめていると、八重山事故を防ぐことのできなかった懺悔の一念を感じる。

灯台の近くには灯台設置前に沖合で遭難した八重山丸の慰霊碑・菩薩像が建てられている。

‖100

平久保埼灯台

ひらくぼさきとうだい

沖縄県石垣市

一面サンゴの如き美しいパノラマの海を照らす

航路標識	7190［M4734］
初点灯日	1965(昭和40)年5月8日
光達距離	12.5海里(約23km)
塔高/灯高	13m/74m
構造材質	コンクリート造
光度	5,600カンデラ
レンズ	高光度LED灯器
訪問日	2022/5/12

新石垣空港から車で１時間弱の平久保埼の北端に位置する。エメラルドグリーンの海と紺碧の空、大海原に沈みゆく夕日を満喫できるので多くの人が訪れる。灯台としての働きのほか、気象測器が設置されており、風向、風速、気圧など多くの気象情報を提供している。緯度は台湾より南で、台湾までおよそ 270km の距離。

お　わ　り　に

かねがね、灯台を友として自分史を遺したいと願っておりました。このたび人生の大きな区切りである喜寿を迎えて、拙本ではございますが出版することができました。能力の不足は行動で補おうと一生懸命頑張りました。手に取ってお読みいただいた皆々さまには感謝の気持ちでいっぱいです。ありがとうございました。

本書掲載の100灯台、たたずむ姿はいずれも地域の自然風土とみごとに調和し、また、託された人々の願いが込められておりました。歴史と文化はさらに進化して人と地域を力強く紡ぐでしょう。惜しみない拍手とエールを捧げて終わりにいたします。

編集と出版は成山堂書店にお願いいたしました。私の稚拙な文章と粗雑な写真を掬いあげ、つなぎ合わせて確かな一冊の書物に纏めてくださいました。心からの感謝を申し上げます。また、取材にあたり、海上保安庁、各自治体、教育委員会、環境協会の皆さまをはじめ、各地でお目にかかった灯台愛好家の方々、会社時代の先輩・同僚、郷里若狭の方々からも励ましとご支援を賜りました。それぞれ謝して御礼を申し上げます。有難うございました。

最後に、私事になりますが、書道に励んでいる孫娘が力強い書体で激励のメッセージを送り続けてくれました。歳の差は隠しようがありませんが、老いの灯台旅に何か感じ取ってくれたのかもしれません。世はデジタル全盛の時代を迎えているものと思いますが、いつの日にか灯台に向き合って力強い発信を投じてくれればと願っています。

また明日からは名もなき小さな灯台を訪ねる旅に出かけます。

2023年11月1日　灯台の日に

藤井 和雄

著 者

藤井　和雄　（ふじい　かずお）

昭和 21 年　福井県小浜市 生まれ
昭和 44 年　大阪市立大学（現・大阪公立大学）経済学部 卒業
同年　東京芝浦電気株式会社（現・株式会社東芝）入社
平成 10 年　東芝物流株式会社（現・SBS 東芝ロジスティック株式会社）退職

福井キワニスクラブ会員
ＮＰＯ法人ＫＳＫＫ会員
千葉県在住

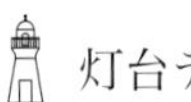

灯台データ協力

海上保安庁　https://www.kaiho.mlit.go.jp/

灯台旅（とうだいたび）―悠久（ゆうきゅう）と郷愁（きょうしゅう）のロマン―

定価はカバーに表示してあります。

2023 年 11 月 18 日　初版発行

著　者　藤井和雄
発行者　小川啓人
印　刷　株式会社 丸井工文社
製　本　東京美術紙工協業組合

発行所 株式会社 成山堂書店
〒160-0012　東京都新宿区南元町 4 番 51　成山堂ビル
TEL：03(3357)5861　FAX：03(3357)5867
URL：https://www.seizando.co.jp
落丁・乱丁本はお取り換えいたしますので、小社営業チーム宛にお送りください。

ISBN978-4-425-95681-4

成山堂書店の関連書籍

どうして海のしごとは大事なの？

「海のしごと」編集委員会　著
B5 判　120 頁
定価 2,200 円（税込）

船を造る造船所、船を動かす船員の仕事、船で運ぶ仕事、その船を検査する仕事、海を守る海上保安や海上自衛官、海底探査、海洋調査など海に関わる仕事は多くありますが、実際にはどんな仕事なのかは、一般にはあまり知られていません。本書は、日本を支える海事産業、すなわち「海しごと」にはどのようなものがあり、なぜ必要なのかを伝えるため、それらのしごとに携わる方々にその内容、役割、意義、やりがいなどを紹介しています。

海上保安ダイアリー　2024年版

海上保安ダイアリー編集委員会　著
ポケット判　248 頁
定価 1,210 円（税込）

海難救助活動や昨今の領海問題などでの活躍によりますます注目度が高まった海上保安庁ですが、この手帳は、海上保安官や海上保安に携わる方はもちろん、海に関係する職業につく方々や、釣りやボートなどを楽しむ一般の方々まで公私を問わず便利に使えるよう編纂された「海の安全手帳」です。編集委員は元警備救難監を筆頭に海上保安庁のOBで構成され、手帳としての機能はすべて網羅しつつ、海上保安庁関係先住所や警備救難・航行安全・水路・灯台などの資料のほか関係記事や潮汐・日出没などを掲載しています。その他、海上衝突予防法のポイント図解や灯火形象物などもカラーで記載、巡視船名や所属などをまとめた巡視船一覧を載せています。